心理咨询与治疗100个关键点译丛

100 KEY POINTS

Acceptance and Commitment Therapy:
100 Key Points and Techniques

接纳承诺疗法（ACT）
100个关键点与技巧

（英）理查德·贝内特（Richard Bennett）
（英）约瑟夫·E. 奥利弗（Joseph E. Oliver） 著

祝卓宏 王玉清 译

全国百佳图书出版单位

化学工业出版社

·北 京·

图书在版编目（CIP）数据

接纳承诺疗法（ACT）：100 个关键点与技巧 /（英）理查德·贝内特（Richard Bennett），（英）约瑟夫·E. 奥利弗（Joseph E. Oliver）著；祝卓宏，王玉清译 .—北京：化学工业出版社，2021.7（2024. 8重印）

（心理咨询与治疗 100 个关键点译丛）

书名原文：Acceptance and Commitment Therapy:100 Key Points and Techniques

ISBN 978-7-122-38910-7

Ⅰ . ①接… Ⅱ . ①理… ②约… ③祝… ④王… Ⅲ . ①心理咨询 Ⅳ . ① B849.1

中国版本图书馆 CIP 数据核字（2021）第 064780 号

责任编辑：赵玉欣　王新辉
责任校对：王素芹
装帧设计：关　飞

出版发行：化学工业出版社
（北京市东城区青年湖南街 13 号　邮政编码 100011）
印　　装：大厂聚鑫印刷有限责任公司
710mm×1000mm　1/16　印张 $14^{3}/_{4}$　字数 199 千字
2024 年 8 月北京第 1 版第 3 次印刷

购书咨询：010-64518888
售后服务：010-64518899
网　　址：http://www.cip.com.cn
凡购买本书，如有缺损质量问题，本社销售中心负责调换。

定　　价：68.00 元　

致谢

感谢ACT和语境行为科学界的所有同仁，是大家促成了我们对所做工作进行思考总结。本书提出的许多思想和概念均蒙受他人启发，在此向作者和一路走来帮助过我们的其他所有人表示衷心的感谢。

内容简介

《接纳承诺疗法（ACT）：100个关键点与技巧》全面而简洁地概述了ACT的哲学、理论和实际应用的核心特征。它解释并展示了一系列可用于帮助人们提高心理灵活性和幸福感的接纳、正念和行为改变策略。

本书分为三个主要部分，涵盖了该疗法的“头、手、心”，从行为心理学基础，到关系框架理论和心理灵活性模型的主要原理，再到如何进行ACT实践的详细描述，为读者提供了坚实的基础，以便其用以进行相应的ACT心理干预。最后总结了在实践中治疗师需做出的主要决策及如何最好地致力于治疗过程。

作者分享了自己在ACT临床应用和知识技能培训及督导方面的丰富经验。此书可帮助心理咨询从业者深化理论知识的理解、提高操作技能，对于咨询师全面实践ACT可以提供有益参考。

作者简介

理查德·贝内特（Richard Bennett）：临床心理学家和认知行为心理治疗师，他经营着一家名为“思维心理学”（Think Psychology）的私人诊所，他同时还是英国伯明翰大学应用心理学中心认知行为治疗方向的研究生部负责人。

约瑟夫·E. 奥利弗（Joseph E. Oliver）：临床心理学顾问，也是一家语境咨询公司的主任。该公司总部设在伦敦，提供ACT培训、辅导和治疗。他也是英国伦敦大学学院精神疾病认知行为疗法研究生部的联合负责人，同时还在英国国家医疗服务体系（NHS）中任职。

译者序

清明之际，气清景明，窗外桃花，灿若云霞，垂柳碧丝，随风而舞，春天的气息越来越浓，虽然疫情尚未完全战胜，人们也都戴着口罩出门踏青赏花，节前得知《接纳承诺疗法（ACT）：100个关键点与技巧》即将付梓，欣然接受编辑邀请为此书写序，也许此书出版能为心理咨询与治疗大花园添一枝美丽的花朵。

记得2018年12月份出版社编辑赵玉欣老师发来此书英文简介和目录，邀请我翻译此书，看后甚是高兴，因为我曾经在2017年得到中央财经大学赵然教授寄来的一套“心理咨询与治疗100个关键点译丛”，赵然老师推荐说“这是一套千挑万选，而且迫不及待翻译的心理咨询临床实践指导丛书”，遗憾的是当时我没看到此书英文书稿。于是，我立即在ACT翻译团队招募译者，王玉清老师积极申请参与翻译此书。王玉清老师虽非心理学科班出身，而是我训练营学生，但是，她曾经在英国工作三年，也曾经翻译过医学专业英文文章，而且是我训练营学生，接受了一年的ACT培训，熟练掌握了ACT相关理论和技能，具有丰富的实践经验，因此，2020年6月拿到英文书稿后便邀请王玉清老师开始翻译。虽然疫情严重，王老师也参与抗疫志愿者活动，但是书稿翻译按时进行。在翻译的过程中，她还邀请训练营焦江滨同学及其他亲友帮助提出翻译问题，因此，翻译质量比较高。我拿到翻译初稿进行审校时，感到此书确实是值得推荐给其他流派心理咨询师和心理学专业学生快速了解ACT的工具书，也应该成为每一位学习ACT的咨询师案头必备参考书。

此书两位作者理查德·贝纳特和约瑟夫·E.奥利弗均是经验丰富的个人执业心理学家、心理咨询师，也是国际语境行为科学协会（ACBS）爱尔兰分会的重要成员，同时是ACBS同行评议的ACT培训师，我曾经在多次ACBS国际会议上见过两位作者，也曾经参加了两位的线上工作坊“ACT: 100 Key Points &

Techniques”。他们用“头、手、心”非常形象地比喻了ACT的哲学与理论、技术与实操、语境、策略与过程。关键是他们用精练准确的语言梳理了学习ACT的100个基本理论和技术操作要点，包括功能性语境主义哲学、关系框架理论、六边形治疗模型、评估和概念化、十八种常用技术和隐喻、理解语境中的行为、咨询中十四个决策要点、咨询中常见十类问题等。对于很多心理咨询师来讲似乎难以很好地把握ACT的哲学基础及心理学理论，在海斯的专著中论述得比较复杂，而本书作者的语言清新、简单明了、深入浅出，能够帮助读者快速了解ACT的基本理论要点，系统品味ACT的智慧，而且操作性很强，可以说在简洁明快方面能够与哈里斯的《ACT就这么简单》相媲美。我想，以后培训ACT初级班学员时会选择此书作为教材，从而让学员能够快速系统地了解、掌握ACT的知识体系。我相信，此书的出版一定会像春天播撒农作物的种子一样，在中国大地上播撒千千万万颗ACT的种子，明年一定会有成千上万的心理咨询师享受到ACT这一认知行为治疗最新的发展成果。

我从2005年初开始接触ACT并在临床心理咨询实践中不断运用ACT，这一崭新的理论方法让我从传统的CBT进入一个新的领域。虽然ACT与传统CBT并不相悖，同属广义的CBT，但它却是一种效率更高、效果更好、起效更快、操作更灵活的方法，我在临床上有很多案例均是在一次咨询后发生巨大变化。因为ACT更像是佛学中的顿悟，而传统CBT更像是佛学的渐修。我常将六祖惠能与神秀法师所做的著名的偈子来隐喻ACT与CBT的异同，有趣的是，这一隐喻不是我独自采用，2018年我在一本ACT英文书中也看到路易斯·海斯教授也把惠能、神秀的偈子用来比较ACT与CBT。最近这些年，上千项实证研究已经证明，ACT对抑郁症、焦虑症、恐怖症、强迫症、PTSD、慢性疼痛等多种精神障碍都有治疗效果。特别值得一提的是在2020年疫情期间，世界卫生组织（WHO）官方网站推荐了基于ACT的压力管理绘图版电子书，目前有中文翻译版《压力之下，择要事为之》，而且此书已经在全球四十多个国家和地区使用。最近，ACT也被世界卫生组织推荐为治疗儿童慢性疼痛的首选疗法。2021年初，ACT也被纳入北京市社会心理工作联合会注册认证的社会心理指导师培训教材。我相信，未来中国会有越来越多的临床精神科医生、心理咨询师、心理治疗师和社工师认识到、体会到，ACT不仅仅是助人的心理咨询和心理治疗方法，更是一种生活的智慧和生活方式，能够帮助我们提升心理灵活性，从僵化的思维牢狱中解放出来，帮助我们真正过上充实、丰富多彩而有意义的人生。我也相信，在波澜壮阔的社会心理服务体系建设大潮中，此书会帮助越来越多的社会心理服务专业人员掌握快速、简便、易操作的ACT方法，从而为健康中国行动和心理健康促进行动贡献微薄之力。

在这惠风和畅的春季，我们虽然期待“春种一粒粟，秋收万颗子”，但是还需要“锄禾日当午，汗滴禾下土”的辛劳。读此书也许能帮助读者学习ACT的基本知识，了解技术要点，但是，“纸上得来终觉浅，绝知此事要躬行”，要想真正掌握ACT，还需要“练习，练习，再练习”，因此，我希望读者朋友能够按照书中的技术操作指导语在实践中不断进行尝试。ACT主张在价值方向引导下实现梦想，不怕“屡败屡战”，只要坚韧不拔，一定能把ACT成功运用于自助的生活中和助人的实践中。

行文至此，内心涌现一种感恩之情，感谢出版社赵玉欣编辑慧眼识珠引入此书，感谢王玉清老师为此书翻译付出的艰辛努力，也感谢曾经为此书提出翻译建议的朋友。虽然此书翻译中努力追求信、达、雅，但是我们毕竟不是翻译专业人员，在两种文化语境之间的信息转换时，我们努力争取达到“信、达”境界，而“雅”的境界尚需进一步努力，书中难免仍有聱牙诘屈的直译语句，疏漏之处在所难免，敬请读者不吝赐教，反馈给我们以便勘误。

“梨花风起正清明，游子寻春半出城”，此序完毕之时，正可踏青赏春，期待此书能为这人间春色添上一缕清明之气，为读者心中世界增加一束智慧之光。

祝卓宏

2021年4月5日于中关村人才苑

前言 PREFACE

在撰写本书时，自第一本有关接纳承诺疗法（ACT）的书出版已近20年。在此期间，ACT受益于大量实证证据的增多，包括大约250项随机对照试验与大约30项系统综述和荟萃分析。从个体治疗在身心健康护理中的临床应用，到团队和组织中的职业应用，再到帮助人们在社会层面面对社会和公共健康问题，ACT疗效证据广泛。

我们非常感谢丛书编辑温迪·德莱登（Windy Dryden）教授，邀请我们为“心理咨询与治疗100个关键点”系列呈献ACT部分。鉴于ACT的快速发展，此书或是一个及时的补充，我们希望它能够为所有使用ACT模型助人的人提供关键理论概念和实际问题的便利参考。本书分为三个部分，分别为ACT的头、手和心。这种分类方法体现了培训环境中经常讨论和实施ACT的方式，强调那些希望学习该方法的人有必要进行这三个方面的学习：

头——理论和概念知识

手——实践技能与技术

心——与他、我经验有关的方法

在语境行为科学领域，全体ACT学界非常渴望继续发展更适合人类条件需要的科学，为了让人们对ACT理论及其应用更加了解，我们特推出此书，非常希望它能对你有所帮助。

理查德·贝内特

约瑟夫·E. 奥利弗

目录

CONTENTS

Part 1

第一部分
“头”

001

Part 1

第一部分 “头”

001

Part 2

第二部分 “手”

071

Part 2

第二部分
“手”

Part 2

第二部分
“手”

Part 3

第三部分
“心”

Part 3

第三部分
"心"

100 KEY POINTS

接纳承诺疗法（ACT）：100 个关键点与技巧

Acceptance and Commitment Therapy:
100 Key Points and Techniques

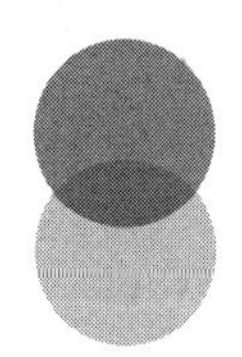

Part 1

第一部分

“头”

1

ACT 之“头”——哲学与理论

本书的第一部分，即接纳承诺疗法（acceptance and commitment therapy，ACT）的“头”，主要是为ACT的实践设定哲学和理论背景。我们相信，行为科学理念的坚实基础对任何情境下ACT的有效干预实践都至关重要。作为经验丰富的培训师，我们见证了ACT对于初次接触它的人所具有的魅力。人们很容易被富有创造性的隐喻和一些有趣的治疗技术（如引导来访者参与拔河游戏）等所惊艳到。我们于开篇想敦促大家注意，如果治疗师只是简单地从本书中择取隐喻方法或技术，而没有明确理解它们为什么有效，那么支撑ACT实践的功能分析方法便会失去效用。不管外界如何理解它所呈现的，ACT并不仅仅是一个规整的技巧工具包，它是一种深植于行为主义功能语境论的心理干预方法。我们断定如果治疗师理解了这一点，其治疗的准确性和效果将会更大。

为了帮助读者在更宽泛的行为主义层面准确理解ACT，这部分将首先呈献“行为主义101”，集中讲述ACT作为一种心理干预方法，在其理论和实践的形成过程中一直施有影响的主要理念。之后，我们向您介绍关系框架理论（relational frame theory，RFT）。它是一种对语言的行为主义解释，是ACT发展的重要理论驱动力。您可以认为RFT和ACT就像一起长大的兄弟，彼此影响着对方的成长和发展。最后，是对ACT的实施主旨——心理灵活性模型的概述。我们将讨论心理灵活性这一概念及其六个核心组成部分。

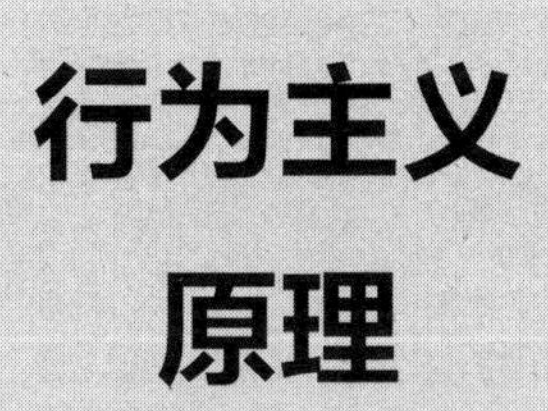
行为主义
原理

2

CBT 中的“B”

现代认知行为疗法（cognitive behavioural therapy，CBT）经常被单独谈及。然而对其更准确的描述则是，CBT 是多种模型和方法的组合，其随时间共同演变、结合，并且可能继续以未名方式延续这种状态。任何试图理解人类需求的心理模型都不可避免地会同时关注可观察到的外部行为，以及思维、情感、价值观和欲望等不能直接被触及的内部领域。CBT 尽力平衡对各方面的关注，行为科学为此作出了重要贡献。

行为主义是用来理解行为的一种方法，它强调个体和其存在的环境背景及先前学习史之间的相互作用。其重点——“行为”，可以定义为个体所为之事（Watson，1929）。行为主义起初将行为视为对当前环境下的刺激的反应，或是之前学习的结果。例如，该行为以前是否因为刺激而得到了强化或惩罚。20 世纪初的行为主义者，特别是伊万·巴甫洛夫（Ivan Pavlov）和约翰·B.沃森（John B. Watson），往往只关注可观察到的行为和事件，以期测量、预测和控制行为反应。后来的行为主义理论家，如伯尔赫斯·F.斯金纳，把行为科学的概念扩展到包括思维、情感和语言过程在内的内部事件（Skinner，1953）。这便是后来我们所熟知的“激进行为主义”。回顾以上工作在临床心理学的应用历程，此阶段被公认为是CBT 领域“第一浪潮”。

在有效解释人类更复杂的内部经验方面，行为主义鸭步鹅行，其早期表现出来的能改善民生的迹象似乎消失了。到 20 世纪 70 年代初，行为主义的临床心理学方法在美国、英国一直处于主导地位。当时主流批评认为行为主义过于简单机械，它否定了思维和情感的作用，进而导致心理治疗师们为寻求灵感而更多地转向认知科学。随着阿尔伯特·埃利斯（Albert Ellis）和阿伦·T. 贝克（Aaron T. Beck）关于调整思维和信念的技术的工作发展，人们对认知的关注得到了提升，这便是常被提及的 CBT“第二浪潮”（Ellis，1962；Beck，1976）。

特别是在与智障人士和儿童工作的一些临床心理学领域，人们一直非常注重行为主义基本原理的应用。其他领域也正重新意识到深刻理解行为主义核心原则的重要性，并受益于现代行为主义理论的发展。CBT“第三浪潮”的特点是关注行为与行为发生的语境之间的功能关系，其干预重点是改变个人与想法、行为和事件的关系。ACT（Hayes，Strosahl & Wilson，1999）和辩证行为主义疗法（Linehan，1993）是现代 CBT 模式的主要典范，其核心是激进行为主义。这些模式快速确立了科学的实证基础以证明其有效性，确保了 CBT 中“B”（行为主义）之活力。

3

联结式学习

因为伊万·巴甫洛夫和他的狗，应答性条件反射（有时被称为经典条件反射）可能是行为主义理论中最著名的了。它描述了生物体通过将一种刺激与另一种刺激联系起来进行学习的能力。在他著名的实验中，巴甫洛夫给狗投送食物之前，会有规律地摇响铃铛。经过几次重复后，巴甫洛夫观察到，即使没有食物，狗也会在铃声响起时开始分泌唾液。在食物面前狗是无须训练便会分泌唾液的。在应答性条件反射的理论里，食物是一种无条件刺激（unconditioned stimulus，UCS），而唾液是一种无条件反射（unconditioned response，UCR）。巴甫洛夫曾训练狗将之前的中性刺激（neutral stimulus，NS）即铃声与食物联系起来。铃声便具有了食物的功能，激发了唾液的分泌。在此联结中，铃声成为一种条件刺激（CS），而经学习后铃声引起的唾液分泌反应则被称为条件反射（Conditioned response，CR）。

以这种方式进行联结并将不同的刺激联系在一起的能力是所有生物体（包括人类）进行学习的关键基石。其过程往往是自然的、多面向的，以至于我们都没有注意到它的发生。然而，作为一种极高效的学习形式，它为生物体调整行为以便在大环境下适应和生存提供了无限机会。有时哪怕是一次“试验”也足以形成一种联结，从而改变其一生的行为模式。想象一下，如果一个孩子在很小的时候被鹦鹉的叫声吓到过，那么他的恐惧和鹦鹉的联结可能会持续很多年。鹦鹉和它的叫声成了条件刺激（CS），而条件反射（CR）恐惧也可能慢慢会在孩子面对其他鸟类时发生，甚至可以泛化到类似的情境中，如其他动物或公园等有动物出现的地方。应答性条件反射如此高效，当看到一位家长在一明显被动的动物面前也会表现出恐惧，我们便很容易领会上述反应了。

值得注意的是，虽然行为主义常常强调当下或过去的学习，但生物体对某些联结的生物学准备状态也是一个相关因素。并非所有的中性刺激都是完全中性的。例如，对狗叫、高大建筑、黑暗、身体疼痛或社会评价的恐惧反应进行调节，比对许多其他常见刺激进行调节要容易得多（Ramnerö & Törneke，2008）。

正如本节将介绍的所有学习形式一样，应答性条件反射可以帮助发展出相应有益的行为反应，例如对危险刺激的规避。但也会形成完全不相应的条件反应，如对非危险性刺激的回避。只要产生的恐惧没有妨碍生活，我们便可以把它作为一项有益的事物去探索。

4

"结果"反馈式学习

如应答性条件反射所描述的通过联结来关联刺激的学习，其本身并不能完全解释为何条件反射过程中所产生的行为会长期存在。例如，上一个关键点中被尖叫的鹦鹉吓坏的孩子为什么在最初的惊吓之后很久，特别是在没有身体伤害的情况下，仍然表现出回避行为呢？操作性条件反射或者说结果学习，可以帮助我们准确解释这个问题。想一想孩子回避行为（远离鹦鹉）的直接结果可能是什么？首先，这种行为可以去除鹦鹉叫声这个让人生厌的外部刺激；其次，它也可以因此而消除焦虑这个不讨喜的内部刺激。孩子的行为产生了一个对自己来说好的结果，从而增加了他在下一次类似情况发生时以相同的方式或至少在功能上相似的方式行事的机会。不难看出，只要能持续产生有利的结果，其回避行为模式就可能会越来越多。如此看来，行为主义者不仅对行为感兴趣，而且对其前后的发生发展也同样关注，通常表现如下：

前因（A）—行为（B）—结果（C）

行为主义者认为某种行为的结果可以增加或减少该行为在将来针对某些特定前因时再次发生的可能性。如结果体验是令人愉悦或有益的，则该行为就更容易被重复，反之则重复概率减少。鉴于结果体验可以是愉快的或不愉快的，刺激既能添加，也能移除，那么就可以有四种基本方案去调整行为的形式和频率。设想一下，如想要杰克增加整理卧室的频率，我们可以采用如下两种策略：

- **正强化(positive reinforcement)**：针对整理行为增加一个令人愉悦的结果（例如：“只要你的房间整洁，我们就可以去看你一直想看的新《星球大战》电影。”）。

- **负强化(negative reinforcement)**：针对整理行为去除一个不愉悦的结果（例如：“如果你整理你的房间，我就为你刷球鞋。”）。

如果我们想降低杰克弄乱房间的频率，还有两种策略可供选择：

- **正惩罚（positive punishment）**：针对不整洁的行为增加一个令人不快的结果（例如：“如果你再把房间弄得乱七八糟，你将在一周内负责整个房子的清洁工作。”）。

- **负惩罚（negative punishment）**：针对不整洁的行为去除一个令人愉快的结果（例如：“如果你再把房间弄乱，一个月内就不能去看电影了。”）。

值得注意的是，在操作性条件反射中，“正”和“负”的使用常常被误解。它们不是“好”和“坏”的意思，而是分别表示结果的“增长/添加”和“减少/扣除”。

并非所有的行为之后都会产生具有强化或惩罚功能的结果。衰减（自然消退）用来描述一种行为因得不到强化或强化停止而频率下降的情况。例如，如果杰克知道答应给他的好处不会真的兑现，那他不太可能继续整理自己的房间。

5

欲望控制和厌恶控制

对行为进行描述和分类有很多种方法。其中影响 ACT 实践的主要行为主义理论是任何生物体的行为都可以被归为两大功能类别之一，即欲望（来自食欲一词）控制下的行为和厌恶控制下的行为。

如果不同的行为具有相同的功能，即使它们看起来很不一样也可以被归为一类。设想一个来访者在治疗中发现治疗师把注意力集中在无价值这个问题上时会非常不舒服。他可能会通过幽默来重新引导谈话内容以避免这种不适，或者就直接停止治疗。这两种行为属于同一功能类别，都试图避免讨论无价值感这种不受欢迎的体验，但却显得非常不同。在这个例子中，来访者可以说是在厌恶控制（aversive control）下行动的，也就是说，他的行为是有意或无意间设计好了的，目的是减少与他认为厌恶的经验的联结。不难理解，这位来访者可能已经习得触碰他的无价值感是不愉快的，因此他自动避免这种接触。如果已经了解到某些刺激可能是有害的，任何人都会主动去回避它们。而这样做对任何生物体功能成功运行都是至关重要的。简而言之，如果没有学会和世界上众多的危险源之间保持安全距离，那么人类也不会生存这么久。

厌恶控制，或对危险和不愉快刺激的回避，是对行为进行功能分类的标准之一。对于生物体的生存来说，同等重要的还有欲望控制（appetitive control）这个概念，其行为动机是增加与愉快刺激或强化刺激的联结。同样，欲望控制下的行为可能看起来多种多样，但因为它们的目的是相同的，所以我们可以认为它们功能同等。举例来说，一位治疗师在工作中非常重视创造力，因为在她过去的学习历程中，尝试新鲜事物和找到不同方式去做熟悉的事情的经验已经被反复强化。她可以以各种方式创造性地采取行动。例如，研究新的方法，尝试不同的技术，或改变治疗模式——从个体工作到团体工作。这些不同的行为都有相同的功能，即增加她与创造力品质的联结。

最后，关于这个概念，我们需要清楚的是任何一种行为都可以在欲望或厌恶的控制下进行，没有哪种行为本质上就有欲望或厌恶性质。例如，你在公园里跑步可能是出于你对健身的喜好（欲望），又或是因为你正被一帮人追赶（厌恶）。因此，在促进适应性行为改变的过程中，治疗师应坚定地认识到行为不是存在于真空中的。它的发生总会有一个语境，而其中一部分便是心理语境。欲望控制和厌恶控制的概念是理解行为发生的心理语境及其功能的关键。在ACT实践中，以更简单的形式引导来访者去理解这些也是非常有帮助的。为此，我们会在第45个关键点谈及“趋避行为”这个概念。

6

功能性语境主义

上一个关键点介绍了功能和语境两个术语。功能是指事件或行为所产生的效果。行为总会产生结果而非发生于真空。比如，阅读此部分内容可能会带来智能启发或者困惑。语境则指事件或行为发生的环境。仍以阅读本关键点为例，广义的语境解释是你在哪里阅读、为什么阅读，以及你所有的学习经验。以上背景因素都会影响你的阅读体验。这样一来，如果不了解此语境，就无法理解你阅读行为的功能，因为功能和语境是相互影响的。

这些概念是预测和影响行为的关键，同样也是正确理解ACT如何看待与其目标相关事件的哲学立场的关键。有许多不同的方法，我们可以用来描述和理解周围的事件。哲学便可以指导我们如何选择。采取哲学立场涉及对世界做出某些假设，不同的治疗传统根植于不同的哲学世界观。ACT属于语境行为科学研究范式，而此范式又基于功能性语境主义（functional contextualism）世界观。尽管基本概述有助于理解ACT为何持此立场以及它由此如何看待事物，但本书对此哲学观点不做详述（参见：Zettle，Hayes，Barnes-Holmes，& Biglan，2016）。本关键点和本部分后面的关键点会涉及功能性语境主义的核心内容。

功能性语境主义关注的是整个生物体在其情境与历史语境下相互作用的行为（Hayes et al.，1999）。它表明任何行为如果被分割成若干个组成部分，都将无法被正确理解。我们不能随意将生物体行为的目的与行为本身或行为发生的语境分开。就像你可能是带着特定的目的来读这本书，阅读对你产生了某种影响，你的阅读是有语境的。如果试图去理解你的“阅读”行为，那么把它和你为什么阅读的语境分开是没有任何帮助的。因此，“语境中的行为”的全部才是有意义的。研究者和治疗师如果从功能性语境的角度进行操作的话，都会将“语境中的行为”视为基本分析单位。

7

实用主义真理

当判断一个陈述是否“正确”时，大多数人考虑的是口头描述的内容是否符合其经历过的被认为正确的内容。因此，在确定真理时，我们经常寻找现实与人们所说的事实之间的对应关系。这种对真理的描述与大多数心理学领域的运作方式是一致的。在阅读本书之前，你很可能已经读过其他关于心理学或心理治疗的书籍，它们提出了一些治疗模型，有的模型基于机械论哲学立场。机械论模型以机器的概念为根本隐喻（metaphor），即有输入、流程和输出。贝克等人（Beck et al.，1979）的抑郁症认知模型就是一个很好的例子。它描述了抑郁症的发展和持续模式，用输入比喻一个人的早期经验，用流程比喻人对自己、他人和世界的信念形成过程，用输出比喻抑郁症症状。认知治疗师在对来访者使用该模型时，很可能会寻求它所描述的输入、流程和输出与来访者的生活经验之间的对应关系。如果两者有很好的契合度，那么模型可能会被看作是一种“正确”的描述。

ACT 理论和实践所遵循的功能性语境主义采用了不同的真理观，它以“有效性”作为真理的核心标准。因为考虑到语境的突出作用，所以语境论者的工作假设是没有客观真理的存在。想想你住的那条街，你从地图和照片上都能看到它。但两种对街道的描述形式都不比另一种更正确。哪一种对你更有用，取决于你在它们之间做出选择的目的。功能性语境主义认为没有人能获取绝对的基本现实或真理，它们的存在取决于语境。

功能性语境主义的目的是务实的，它不是为了寻求行为与语言描述之间的客观对应，而是为在某种意义上帮助人们对自己的行为做出更明智的选择，使其更具功能性（Flaxman, Blackledge, & Bond,2011）。在功能性语境主义中，真理的定义更接近于被证明有效的和符合个人最大利益的事物。由此可见，ACT治疗师对某一行为的分析只有在能帮助来访者更好地实现其特定目的的情况下才是“正确的”。在对来访者运用ACT时，我们必须坚持的原则是鼓励他们少一些对客观真理的探求，多一些对有效或无效经验的关注。

8

行为的功能

如第6个关键点所述，功能（function）一词指的是事件或行为所具有的影响。行为主义实践的一个重要方面便是功能分析，ACT实践亦是如此。它是通过构建ABC分析（见第4个关键点）和对具体行为结果的细微观察来实现的（Ramnerö & Törneke,2008）。相比关心来访者的行为内容及频率，ACT更重视其行为功能。这一点很重要，因为它使我们把焦点放在了来访者在做选择及实施不同行为时得到的各种结果上。

基于欲望控制和厌恶控制的概念，任何行为对生物体来说都有两大功能之一，要么是接近欲求的刺激（以及与刺激接触后产生的结果），要么是逃离或避免不想要的刺激。我们的关注点应总放在这种区别上。当试图识别某个行为的功能时，我们可以这样问："这种行为有什么目的？来访者想趋近或回避什么？"这个极简单的问题非常有助于确保焦点停留在功能上。

举个例子，想象一位因强迫性清洁行为被转介来进行心理干预的来访者。打扫房间本质上没有好坏之分，在控制感染和房间的美观方面可以说还很有助益。但如果知晓来访者把房子从上到下，一天三次地打扫，直至筋疲力尽，我们也可以看到这种行为的无益功能。我们可以把上面的问题用到这个例子中。

"这种行为有什么目的？"

经询问，发现来访者从孩提时代就有过类似的行为。她成长于一个父亲有暴力倾向的家庭。作为孩子，来访者意识到只有表现得努力和有用，自己才不会经常成为父亲愤怒的目标。因此，这种行为还有一个附加功能，就是帮助来访者远离威胁和危险的感觉。

“来访者想趋近或回避什么？”

来访者的学习背景明显表明其在厌恶控制下发生的清洁行为将威胁或危险降到了最低，她是在远离自己不想要的东西。像许多回避行为一样，其清洁行为的发生没有太多的灵活性或创造性，几乎没有给来访者留下时间或空间去探索自己更想要的行为模式。来访者由于迫切希望避免当下的不安全感而缩小了自己的行为范围。

了解行为的功能对我们是有帮助的，因为它是随后心理干预的基础，而仅仅关注行为的形式或频率是做不到这点的。在上面的例子中，治疗师可能希望帮助来访者更清楚地看到这些功能，也许会强调其回避行为的代价或不可行性，以帮助他们更少地受控于有关危险的想法，建立较有效地管理这些想法的技能，或帮助他们建立“趋近”行为模式。

9

功能与形式

人类有模式识别的天赋，总喜欢把周围看似随机、混乱的世界组成有序的形状、结构和系统。我们可以在精神卫生保健的诊断分类系统中窥见一斑。这些系统强调了各种基于症状列表的所谓的障碍之间的差异，帮助临床医生根据病人的表现形式进行分类。一些认同此分类系统的心理疗法也同样倾向于关注形式。贝克的认知疗法便是一个明显的例子。他在其基本模型基础上发展出许多针对特定障碍的变体，期望治疗师选择相应的模型以应对来访者不同的形式或表现。作为一种跨诊断模式，ACT 持不同的立场。它提倡关注功能而不是形式。因此，在医疗保健环境中应用 ACT 时，我们对加在病人身上的诊断标签的关注会减少，而将重点放在其行为功能上。

以一个有强迫性赌博行为的人为例。其典型的循环可能先是不舒服的想法、感觉或冲动逐渐增长，随着他赌博行为的进行，这些想法、感觉或冲动便被抵消。这可能会给他带来一种解脱感，因为赌博起到了缓解不适的作用，所以行为得到了负强化，增加了再次发生的概率。也许他会因为沉溺于此而感到内疚或羞耻，但赌博确实会减轻其不适，虽然效果短暂，所以当不适感重新袭来时，他会再次转向赌博以消除这种感觉。如果我们把这种持续性行为循环简化一下（感到不适—采取行为措施—感觉好一点，之后再次慢慢地感到不适—重复行为，依此循环往复），看看这是否让你想起了实践中观察到的其他行为？你的来访者是否有功能相似的重复行为？虽然形式可能不同，但我们很容易看得出治疗时交互行为中描述的各种行为具有相同的功能。暴食、回避、寻求安慰（seeking reassurance）和大多数成瘾行为都可以归为同一功能类别。

我们认为聚焦于功能为我们提供了一种简明的方式来思考来访者的表现，我们从一些限制中解放了出来，而不必僵化地去思考如何识别一种特定的障碍并选择相应的治疗方案。这种关注行为过程多于形式的做法，是更大程度地远离针对障碍的思维而转向跨诊断方法的评估及干预（如：Harvey，Watkins，Mansell，& Shafran，2004；Barlow et al.，2011；Hayes & Hoffman，2017）。最后，强调一下，本关键点对医疗保健的关注仅仅是为了举例说明，所述原则同样适用于其他应用 ACT 的场合，如工作环境、绩效领域，或者提高整体福利方面。如果你想要一个令人难忘的缩略词来帮助你保持对来访者行为功能的关注，我们发现“WTF？”不错。很明显，它代表的是“功能是个啥玩意儿？”（What’s The Function?）。

10

语境的重要性

想象一下，你正在参加一个 ACT 培训。你静静地坐在前排，认真地听着主讲解释 ACT 和 CBT 的其他形式之间的关系。她直视着你，突然抓起水瓶向你跑来，快速取下水瓶盖，一到你面前就把瓶子放到你嘴边，热情地劝你喝水。

从你的反应来看，这种行为的功能是什么？你很可能会感到惊讶或震惊，甚至是愤怒或恐惧。在 ACT 培训的语境中，这是一件不寻常的事情。

现在想象一下，你在一个饱受旱灾折磨的地区的援助站。你走了十里路才到那里，因为你知道他们有水供应。然后你看到了一位援助人员。她直视着你，突然抓起水瓶向你跑来，快速取下水瓶盖，一到你面前就把瓶子放到你嘴边，热情地劝你喝水。

当你想象自己对这第二种情景的反应时，是否觉得行为的功能有所不同？你还感到震惊和恐惧吗？如果答案是否定的，而你被深深触动的是感恩、宽慰或类似的感受。这说明了一个ACT的关键行为概念，即功能依赖于语境，当事件发生的语境变化时，其功能也随之发生变化。如果我们的来访者描述了想法、行为或其他事件，我们会追问事件发生的语境是什么。在上面的例子中，语境变化仅仅涉及场景和地点，然而对于ACT从业者来说，考虑更广义范围的语境是有帮助的。例如，语境可以包括文化、社会和人际关系因素，个人内部因素包括情绪和认知状态以及来访者的学习成长史。诚然，在审查事件时试图考虑每一个语境特征是不切实际的，治疗师把重点放在与干预目标最直接相关的语境上即可（Hayes et al., 1999）。

在本书下一部分探讨 ACT 干预措施时，我们同样强调语境的重要性。因为大多数干预旨在改变思想、行为发生的社会或语言语境，而非其内容或形式。例如，如果来访者在自我批判的语境中体会到“我一无是处”的想法，并试图控制、压制或回避这个想法，他很可能会比在非批判性意识和自我同情的语境中感受到更高程度的痛苦（Marshall et al.，2015）。由于想法本身是很难被控制的，所以 ACT 专注于帮助来访者改变想法产生的语境。这包括一系列转变以促进来访者与其想法相关的认知解离。比如觉察到该想法只是一个想法，而不是真正的事实，它只是自发形成的以善意或自我关怀的方式对某些信息的回应。

11

通过语言和认知进行学习

前面几个关键点所描述的大部分理论和概念同等适用于语言生物和非语言生物。这些年来，如何理解语言生物所体验的内部事件，如思维和语言，对行为科学提出了更大的挑战。不过毫无疑问，语言的习得是一种学习形式，它改变了所有其他学习形式（Hayes, Barnes-Holmes & Roche,2001）。人类有一种几乎独一无二的能力，即只需用嘴发出声音，就能赋予环境中的刺激和事件额外的功能。就像应答性条件反射和操作性条件反射所描述的那样，我们在没有直接接触强化刺激的情况下就能够领会各种关系和功能。

家长教幼儿过马路时，重点是帮助孩子学会安全通过。虽然一般操作程序都包括停在路边、看两边车道、听迎面而来的车辆的声音等，具体训练内容还是因父母而异。其中也会有很多口头指示、关键信息，如“停、看、听”，甚至一些不遵守规则的孩子最后发生了什么结果的警示故事。几乎可以肯定的是，教学中不会出现家长把孩子推到马路上，面对迎面而来的车辆，让孩子学会自己去处理。

以上看似简单，但语言教学是人类特有的天赋，属于巨大的进化优势。当我们还是孩子的时候，就学会了如何驾驭周围环境的诸多技能，而不必直接暴露于风险当中。说白了，就是教我们对从未实际发生的事情感到恐惧，学会如何处理未经之事的技巧。此过程的复杂性及我们所学的技能也许就是人类“童年”的持续时间比其他动物长得多的原因之一。

语言使我们能够以出奇复杂的方式与自己和他人进行交流，让我们的举止不同于其他动物。人们不太可能发现一只长颈鹿会因为未来一个多月可能发生的事情而变得焦虑不安。而人类却会一直这样做，是因为语言让我们可以在脑海中创造想象中的未来。这种学习形式的主要方面是能够将不同的刺激和事件相互联系起来，而不依赖于它们的实际关系或形式特征（Ramnerö & Törneke,2008）。例如，说出“桃子”这个词所发出的声音与真正的桃子没有任何关系，除非说话的人愿意将它们联系在一起。这样做有很多好处。试试走进一家杂货店，在不说“桃子”的情况下去要一个桃子，你很快就会明白为什么。联想能力绝对是更广泛地理解人类交流、创造、解决问题和痛苦的关键。关于此项研究即关系框架理论（RFT），我们将在接下来的关键点中详细介绍。

关系框架理论
（RFT）

12

RFT 的背景

RFT 为人类语言的习得提供了一种行为学解释，论证了行为主义早期斯金纳（Skinner）的言语行为理论（Hayes et al.,2001）。它提出了许多可实证检验的假设，推动了过去 20 年研究兴趣的不断扩大（Montoya-Rodríguez，Molina & McHugh，2017）。

该理论的核心是试图解释人类将事物彼此联系起来的基本能力。举个例子，我们随机取两个名词：“鲸鱼”和“香蕉”。我们敢打赌，你以前不大可能在同一句子中遇到这两个词。现在，花点时间，看看你能否在它们之间建立关系。

也许你想到了它们都适合归于生物或（对某些人来说）食物的范畴，又或者你想到了它们的不同（大小、颜色等）。注意，建立这些关系是多么容易。这正是 RFT 的核心所在，它能够将物体、概念和想法结合在一起，并将它们相互联系起来。当我们把“鲸鱼”和“香蕉”放在一个比较框架里，也许是为了比较大小，那么这就在两者之间传递了某些“大小”的功能。突然间鲸鱼显得非常大，而香蕉则显得比较小。

人类可以用语言将任何事物相互联系起来。此能力及伴随的无意识情况下推导关系的倾向，是人类语言的核心所在。术语“关系框架”描述了两个概念之间如何相互关联，并指明了关联性质。例如，“这是一个苹果”（将象征性的声音“苹果”与真实的圆形水果联系起来）。从婴儿期开始，人类就被教授以极其有利的方式推导关系的能力，并一再得到强化。婴儿能很快发展出以更复杂的方式建立关系的能力，并且能够在不被直接教授的情况下推断出刺激之间的关系。通过这种方式，他们从一种强大的间接学习形式中受益，这种间接学习为应答性条件反射和操作性条件反射增加了另一个维度。

当我们审视如何使用我们附加在物体、概念和想法上的所有不同符号时，我们才真正开始看到语言的用处。这些符号（发音、手势以及如你现在正在阅读的这些书面文字）极大地扩展了我们高效率且有效地传达欲求、愿望和需要的能力。我们无需再嘴里咕哝着指着火上烤着的肉排，希望非洲大草原上的部落族人能够理解我们的意图，而是可以带着能很快被理解的期待明确表达："亲爱的朋友，能否把那块上好的肉排递给我一份？"突然间，我们既能传递自己过去的经验，又能从别人的经验中学习，并对未来做出有益的预测。这为复杂有效的合作和学习提供了新的方法。不管是好是坏，智人这个物种，虽然缺乏力量、爪子和牙齿，但进化出了一种在生存竞争中比其他物种更具优势的能力。

13

关系反应

RFT描述了我们学着将各种刺激象征性地联系起来的方式。例如将物体与其名称作联结。虽然以关系框架运作的能力往往始于婴儿早期，但随着人类学会了许多不同的方式来关联刺激，这种能力在整个儿童期都在持续发展（例如，“X”等同于“x”，或“X”排在“Y”之前）。随着时间的推移，这种象征性学习过程渐渐趋于主导并改变着其他形式的学习。其中一个例子就是恐惧反应的形成。想象一下，查理听说梅布尔被一只小狗咬了而对此感到焦虑。如果随后他被邀请去乔尔家，而乔尔又养了一只非常大的狗，那当查理在行为上表现出焦虑（如逃跑）时我们也就不足为奇了。相比于小狗，他甚至可能更害怕大狗，尽管从未被它们中的任何一只咬过。操作性条件反射难以解释为什么会这样，因为查理的学习纯粹是象征性的。他需要建立一个关系网络，在这个网络中，“狗”“疼痛”“恐惧”都是相互关联的。他还要把“大小”和“疼痛”联系起来：如果小狗能咬伤梅布尔，那么大狗必定会伤害到他。查理的行为变得受控于关系，而这些关系并不完全由刺激物的实际属性所决定，因为他从未经历甚或目睹过自己所害怕的事件。相反，乔尔家的大狗很有可能非常友好并不咬人。

在RFT中，这种言语行为有时被称为**任意适用的衍生关系反应**（arbitrarily applicable derived relational responding，AADRR），指的是人类运用象征的能力。我们可以根据任意的语境线索推导出关系，这使得我们可以把随便两样事物彼此联系起来。一旦孩子学会了语言和以此种方式推导关系的能力，其进程就无法逆转或关闭。如果需要这种永动关联流的支持证据，您可试着做一个正念

（mindfulness）练习，观察一下大脑是如何被此关联过程反复勾住的。而正是因为能在刺激间自动建立联系的能力直接导致人类特别容易“分心”。

除了令正念练习具有挑战性外，关系框架的操作还成倍地提高了人类学习的速度和多样性。它使我们进入了一个越来越抽象的语言世界，在这个世界里，刺激之间的关系不仅由环境中事物的具体物理属性来决定，而且亦由任意适用的关系来决定。因此，我们开始看到一个非本真的世界，一个我们的关系网络描述给我们看的世界。随着渐渐成熟，我们也开始越来越多地依赖于大脑给出的建议，而非我们的直接经验。

14

不同的关联方式

我们生活的言语世界非常复杂，有很多方法我们可以用来学习如何将不同的刺激彼此联系起来。特内克（Törneke,2010）对人类语言能力中衍生关系的中心地位作了通俗易懂及全面的概述，这里将重点讨论与ACT实践相关的几个关键原则。

协调关系

协调关系（co-ordination relation）是关系反应的一个基本组成部分，也是我们婴儿时期最先学会的内容之一。“这是个苹果”这个句子建立了“苹果”的发音和与它搭配的实物之间的协调框架。这项训练产生的一个有趣的副产品，是如果一个人学会了“这是个苹果”，那么他也就学会了“苹果是这个”，其间事物和它的标签之间可轻易地进行互换。此概念被称为**相互推衍**（mutual entailment），意思是当我们在一个方向上进行了训练，无须训练便会自动推导出另一个方向。如果你的训练是相对于如下两种关系，相同的基本协调过程可以扩展为**联合推衍**（combinatorial entailment）：

A与B相同，B与C相同

……然后你会被问到下面这个问题……

A 和 C 之间是什么关系?

……尽管从未被教授过，你也能够推导出A和C是一样的。虽然这似乎是不言而喻的，但也是相当了不起的，因为我们还没有在地球上找到其他哪个物种能够实力展示此能力。相互推衍和联合推衍的能力不仅适用于协调关系，也适用于我们所有其他的关联方式。

辨别关系

如果说协调关系是建立刺激之间的“同一性”（sameness），那么辨别关系（distinction relation）就是建立差异性。这对自我意识的连贯发展非常重要，因为RFT的研究已经论证了学习辨别关系的发展轨迹，如“我与你不同”“这里与那里不同”“现在与那时不同”（McHugh，Barnes-Holmes，& Barnes-Holmes，2004）。对立框架的发展也是此能力的延伸，其在某些特定功能方面提供了更多的精确性（如热与冷相反）。

时间关系

时间关系（temporal relation）涉及的是我们于过去和未来的时间维度里在刺激和事件之间建立关系的能力。它使我们能够做事、做计划、让我们对尚未发生的事情感到焦虑，或者从过去的错误中学习（或反思）。“如果我做了X，那么Y就会发生”是一种基本的时间关系，它基于我们对尚未触及的未来后果的想象，影响着我们当下的行动。

层级关系

如前所述，人类喜欢模式、次序和结构。以此方式组织刺激的关键是我们建立层级关系（hierarchical relation）的能力。从本质上讲，这是一种将某物视为他物的“一部分”的能力。例如：ACT是CBT的一部分，而CBT是心理治疗的一部分。苹果和香蕉都属于水果，而水果又属于食物范畴。层级框架能力的发展与强化对ACT的实践尤为关键（Foody，Barnes-Holmes，& Barnes-Holmes，2013）。任何试图唤起“观察性自我”（observing self）视角的干预（如帮助某人从“我一文不值”转变为“我注意到我有‘我一文不值’的想法，但这只是我所有经验中的一部分”），都需要进行分层级的关联实践。

直证关系

直证关系（deictic relation）描述的是需要联系其语境信息才能被完全理解的关系。例如：当称自己为“我”时，需要“你”作为参照物，使“我”这个视角变得有意义。这对理解我们的观点采择能力至关重要。例如：我和你、这里和那里、现在和那时之框架。在童年时期，这些凝聚成一个“我-这里-现在”（I-HERE-NOW）的视角，我们由此来看待我们的世界（McHugh & Stewart，2012）。

15

刺激功能转换

一旦推导出了刺激关系，我们就开始对这个关系做出反应。即使刺激本身或许没有变化，但其功能可能会永远改变。想象一下，当一名运动员代表国家获得金牌时，你会由衷地欢呼，一想到这名运动员和他的成绩就颇感振奋，自豪感和激情油然而生。然后想象一下，几周后你读到一个新闻标题："此运动员在比赛前错过了三次药检。"现在，你的运动员已经被置于一个与缺席药检行为协调的框架中。于此行为，你还能联想到什么？也许，"只有有所隐瞒的人，才会漏掉三次药检"，或者"体育界到处都是骗子"。运动员—缺席药检—隐瞒—作弊，一旦建立了这种关系网络，试问自己，再想到这位运动员是否还能唤起自己那种自豪感和激情？就RFT而言，尽管实际的运动员本人没有任何变化，但其刺激功能已经发生了转变。

刺激功能转换可以通过条件反射和操作性条件反射发生。它也可以通过衍生关系反应来实现，这证明了人类可以通过语言获得额外的学习来源（Törneke,2010）。简单来说，就是具有某种意义或功能的刺激或事件获得新的意义或功能的过程。之前中性刺激物（例如，牙医诊所）有可能通过被直接接触而成为恐惧的来源（假设看牙医在某种程度上令人厌恶）。有趣的是，通过衍生关系反应进行的刺激功能转换可以在不直接接触刺激物的情况下发生。在从未去过牙医诊所的情况下，我们就知道某牙医是可怕的，因为朋友告诉了我们他们在那里经历过的创伤性手术。我们甚至可能会鼓励其他人也去避开它，而这凭借的仅仅是我们所听闻的内容。当然，功能也可以向另一个方向切换。我们随后可能会听到许多对同一牙医的好评。同样，

ACT 治疗师可以通过谈论练习潜在的好处或将其与来访者想要达到的目标协调，以改变使来访者焦虑的暴露练习的功能。因此，这种练习由引起恐惧转变为激发希望和奋进。

刺激功能转换似乎罕被谈及，但此理论概念却占据着 ACT 实践的核心。改变刺激的作用方式，无论是内部刺激（如想法和身体感觉），还是外部刺激或事件，都是 ACT 的核心目标之一。这与本疗法改变语境而非内容的概念相一致。

16

一致性

人类倾向于事情具有意义性。尤其是当遇到一个“懂自己”的或者自己理解其经历、观点和动机的人时，这种意义感更为强烈。比起留有不确定或迷惑的感觉，一直观影到剧终并了解故事的结局会更令人满意。一致性（coherence）对我们大多数人来说并不只是一个模糊的愿望。它对我们在这个世界上职能的有效发挥至关重要。实际上，一致性已经融入我们语言的使用方式中。我们从很小的时候就被教导这样一个概念：事物应该“说得通”。

让我们再回顾一下第14个关键点中介绍的协调概念。在英语中，“相同”（same）一词用来表示协调。如果先是如此使用，随后在下一句中又用它来表示其他概念如差异或优越性，那将会非常混乱。如果想用语言准确地传达意义，我们就需要保持用语的功能始终一致。语言内部需要一定程度的一致性，因为说话者和听话者需要能够推导出相同的关系才能进行有效交流。你只需要参加一场对你来说毫无意义的讲座，便能体会到语言缺乏一致性所带来的困惑效果。这样，一致性就被融合进了我们的语言结构中，而一致性交流也会被反复强化。有人认为，由此，一致性本身就成为我们所有人的强化剂。当世界变得一致、可预测和安全的时候，我们就会愈发喜欢它（Blackledge, Moran, & Ellis,2008）。

长久以来我们都将符号与直接经验的元素协调起来（比如：“这是一个苹果”），所以我们很容易建立一个整体世界，在这个世界里，符号（比如我们用于经验的词语）与事件变得密不可分。当符号世界和物质世界的融合发生时，一种本质上的一致性便会出现，进而证明我们的内部世界和外部世界是相辅相成的（Villatte, Villatte,

& Hayes,2016）。我们希望自己的想法是“正确”的，即使不一定符合自身利益，我们也会激烈地捍卫自己的信念和思想。有“不值的”想法可能并不美好，然而如果这些想法在自身历史语境下具有意义，那么我们通常就会去坚守其他任何解释，有时甚至会至死不渝。想想你有多少次试图淡化别人对你的赞美，只因它不太符合你的自我认知。这听起来熟悉吗？欢迎来到人类世界！对我们大多数人来说，“不好”的一致性比不一致性要好得多。

ACT 实践包括帮助人们认识到什么时候本质上的一致性阻碍了自己追求有意义的生活，转而朝向功能一致性。这是一种立场。人们开始寻求有效性，而非简单的想法和经验之间的对应关系。在 ACT 中，问“有用吗？”比问“正确吗？”更重要。

17

语言是礼物，也是诅咒

希望前面的内容能帮你了解到人类语言能力的奇妙和复杂本质。无论如何，是语言使我们这种灵长类动物确立了在地球上明确的主导地位。人类在身体上有很多不利因素。我们不会飞行，不能在水下呼吸，也不能承受极端的温度，身体相对脆弱。然而，我们的沟通、联系和组织能力给我们带来了不可思议的进化优势。据说大约有200种大型哺乳动物曾经在地球上行走过，而人类要为其大约一半的灭绝负责（Harari,2014）。考古记录揭示了一个常见模式，即智人在一个地区出现后不久，生态系统就会发生变化，其他动物随即消亡。我们按照自己的意愿改变环境，创造了浩瀚的文明，发明了复杂的宗教和商业体系，探索了其他星球并揭开了宇宙的秘密，人类婴儿可以做其他动物无法做到的事情。语言赋予了我们惊人的力量、灵活性和创造力。即使并不总是把它当作一种向善的力量，我们也很难不把语言看成一份最不可思议的礼物。

也有另一种观念认为，语言对我们产生了不利的作用，它以其他动物不受约束的方式约束了我们这个物种。由治疗师的角度来看，语言和认知最有趣的方面之一便是它控制行为的方式。我俩开培训工作坊的时候，当向听众席望去，经常会发现对方行为展示很少。一般情况下，听众都是面向前方安静地坐在下面，偶尔做做笔记。如果问他们的行为为何如此局限，听众通常会回答说，他们想学习，而这些行为最大限度地增加了他们学习的机会。从本质上来说，头脑限制了他们当前的能力，但希望在此情况下，这种行为控制会非常有益。如果听众像一群五岁的孩子一样，没有这样的控制力，那就太可怕了。

然而，同样的机制在行为功能减弱方面也可以发挥类似的作用。假定一个人相信自己一文不值，那么这个想法可能就会大大缩小他的行为能力范围。他将会错失很多机会，不会去承担风险，某些事情他也不再去考虑。“我一文不值”的想法占据在行为的驾驶座上以无数有害的方式对行为加以限制。

人类语言在很大程度上控制着我们的行为。随着我们的成熟，我们与环境的联结越来越紧密。但这种联结不是直接的，而是经过我们的语言和认知过滤之后呈现出来的。此过程极难摆脱，其后果之一就是我们不断地反思和忧虑，努力以其他动物不必面对的方式存在。后者的意识牢牢地停留在此时此地。长颈鹿不会担心明年夏天是否有充足的食物和水，狮子也不会纠结于自己过去的错误。套用罗伯特·萨波尔斯基（Robert Sapolsky,2004）的话说：“斑马不会得胃溃疡。”

18

控制的错觉

鉴于人类所处的主导地位，我们很容易把自己看作所接触的一切事物的统治者。我们已经习惯于控制环境并随时从中取之所需。可以掌控一切的想法如此诱人，以至于它常常触及我们看待内心世界的方式。从我们遭受痛苦时对自己和他人说的那些话中可以看到这一点，比如："别哭了""不要担心""控制好自己""把它抛至脑后""振作起来"或"打起精神来"。尽管这些指令许多是善意的，但它们都暗示着我们对自己的内部经验拥有主宰权，我们可以抹去一段记忆、关闭一种情绪，或者阻止一个想法的发生。而 RFT 表明这些事情远不是我们所希望的那样。关系网络一旦形成，就不容易被删除。借用史蒂文·海斯（Steven Hayes）的一些例子，阅读下面的单词序列，看看你是否能阻止你的头脑去做它下一步想做的事情：

（a）玛丽有一个小________

（b）一二三四________

（c）每当我知道有人在评价我的时候，我都会觉得________

你是怎么进行的？是否停止了循着这些题目线索进行的联想过程？我们的头脑在做联想时不会仅仅因为我们希望它停止而停止。如果你曾经尝试过正念练习，你或许会有练习 1 分钟左右就开始分心的经历。恭喜你！你的头脑忠于职守且运行良好，它利用语言和关系框架将事物联系在一起以了解这个世界。

RFT提出联结过程一旦开始就很难被中断。这表明我们可以对内部事件进行控制的观念是种错误认知。其实际上意味着上述“控制”指令不太可能成功，我们需要寻求另外途径来处理不想要的想法。对此我们不做进一步RFT论述，只想请大家反思一下自己的经历。虽然你的头脑可能会告诉你“别担心”是一个理想的选择，但你的经验会告诉你什么呢？上次有人对你说“别担心”时，你就不再担心了吗？短期内忧虑可能因此会消失，但时间一长，我们的头脑几乎不能自抑地再次忧虑。临床工作经验告诉我们这种“控制”操作在最好的情况下是没有用的，最坏还会损害来访者的幸福感和自我效能感。我们需要另一种操作方式，即保持思想灵活开放，后面我们将围绕此观点通篇展开。

19

经验性回避

因为拥有语言，我们具备了一种独特的能力，即可以在头脑里做“时光旅行”。马克·吐温有句名言：“我的一生充满了可怕的灾难，而其中大部分从未发生过。”这句话说明，我们可以花费大量时间去想象无数个版本的过去和将来，我们反思错误或担心一些根本没有发生而且很可能永远不会发生的事情。回到刺激功能转换的概念上，有关过去或将来的一些困难或痛苦事件的想法往往具有与事件本身相同的功能。例如，回忆过去的创伤往往会引发与原来事件发生时相同的痛苦感受，即“闪回”（flashback）体验。这些语言和认知的正常过程导致我们几乎持续的想象和评价，结果就是我们能创造自己的快乐和痛苦。有些痛苦是不可避免的，但很多折磨人的烦恼是可以规避的。

如果有人说一些痛苦即将来临，你可以选择面对或避开，你做何选择？除非承受痛苦是为了做一些有意义或重要的事情（例如马拉松长跑训练），否则你很有可能像大多数人一样选择避开。作为一个物种，我们回避自认为令人厌恶的、有威胁或危险的事物的倾向由来已久（已经有数十万年的历史），这完全是我们行为能力中一个功能性的部分。为了生存，任何生物体都需要学习哪些刺激应该接近、哪些刺激需要避开。而一个很普遍的经验法则就是避开有害刺激。这在外部世界非常有效。在你的人生旅途中，你可能已经学会了要避开掠夺者或讨厌的毒素，以及如何走出车辆疾驰的车道。此法则到目前为止一直被运用得很好。问题是你可能也学会了以同样的经验去应对内心世界的不利因素，如痛苦的想法、记忆和情绪。为了避免内心世界的不适感，人类会表现出各种行为习惯，其中包括保持忙碌、分散注意力、老套的行为回避、药物滥用以及自我伤害，等等。在 ACT 中，此类行为被称作经验性回避（experiential avoidance）。

经验性回避在本质上并不是一种功能障碍，至少在短期内，它可以很好地让人逃避或缓解痛苦。然而，对其长期依赖至少存在两个问题。首先，回避行为会加重原有状况，例如，喝酒可以暂时麻痹痛苦，但长期饮用会带来许多生理和心理健康问题。其次，回避行为往往会影响我们对意义和价值的追求。如果我们投入大量的时间用于逃避我们不想要的，那么我们就没有多少时间去朝向我们真正想要的事物。如果这两个问题明显存在，ACT 治疗师则倾向于把经验性回避作为干预目标。

20

认知融合

大多数寻求心理干预者的共同点是，在遇到ACT之前，他们用来应对不想要的内部体验的策略通常分为两类：第一类是前一个关键点所述的经验性回避；第二类以认知融合（cognitive fusion）为特征。这是语言运作方式的又一自然产物。RFT把思想以文字或图像的形式视作与其所描述的刺激保持紧密协调关系的任意符号。它们也以同样的方式唤起这些相同刺激的功能。例如，回忆过去的一次面试经历会引起与面试时同样的焦虑感。可能"面试"这个词包含了焦虑功能，虽然它并没有明确地与任何特定的情境或记忆联系在一起，但一提到它就会让你汗毛倒竖。这样一来，语言就变成了文字，我们开始把我们的思想内容当作物理事物来进行关联，因为它似乎具有同样的特性。

文字的字面意思会对人们对待内部体验的方式产生深远的影响。海斯等人（Hayes et al., 1999）以来访者表达"我是抑郁的"这一想法为例，指出如果把这种关系拆开来看，它便显现出一个协调一致性框架，在此框架中，"我"通过"是"的上下连接等同于"抑郁的"，也可以理解为"我"＝"抑郁的"。这句话将来访者本身与文字标签融合在一起。考虑到容易与抑郁联系起来的其他概念，可想而知还有什么词汇可能会被混入其中。来访者越是认同这个标签，越是无法区分彼此，也就越不可能认为自己能够超越这个标签。因此，标签禁锢了行为，"我是抑郁的"成了不去进行一系列重要而有意义的活动的理由（例如："我不能和新朋友说话，因为我是抑郁的。"）。

随着人类逐渐成熟，世界也变得日益语言化，这让我们可能很难识别哪些是我们内外部事件本真的样子，哪些是我们的头脑告诉我们的它们的样子。简单地跟随我们的想法和理由，比试图像经验性回避中那样去战斗、控制或压抑它们做起来要容易得多。然而，与想法的融合会导致行为模式的狭隘与僵化，所以不权衡轻重而机械地去行动亦为不妥。循前例，如果我们与“我是抑郁的”这样的想法融合，而它又在“驾驶位上”，那么和我们学着从解离的角度去看待想法比起来，我们的行为选择会更加受限。即当我们“开车”时，想法会一路跟随，纠缠不休。

21

规则支配下的行为

认知融合同经验性回避一样在本质上是没有问题的。符号与事件之间稳定的协调关系无疑是有效运作的关键。如果“太阳”这个词惯常意指天空中那个大大的黄色物体，而非其含义每隔几分钟就改变一次，这对社会交流是有帮助的。融合也有助于维持个体内在稳定性。麦克修等人（McHugh et al., 2004）的发展研究表明，随着时间的推移，儿童会发展出一种稳定的自我意识，他们通过一系列习得的关系来定义自我。他们描述了一种“我”的概念，在此概念中，我们看待世界的视角（我－这里－现在）不同于他人（你－那里－那时）。试想一下，如果不能稳定地区分“我”和“你”或者“这里”和“那里”，我们的生命体验将是支离破碎的，自我意识将变得弥散。因此，“我－这里－现在”的融合即使不是必不可少也是有帮助的。

ACT是一种语境干预，认知融合只有在对来访者无益时，即它干扰了来访者对有意义的价值或目标的追求时才被作为工作对象。融合表现出来的无益方式之一是使行为显得僵化并受思想、规则和理由的支配，而非受环境反馈或行为有效性的指引。这通常是因为，在来访者既往史的某个阶段，遵循规则的行为得到了强化。想象一下杨在工作中的行为受“我必须把事情做好”的想法所支配。他注重完美，为了尽可能写出最好的报告，连续几个星期夜以继日地工作。这个过程一点也不令人愉快，而且工作似乎总有一些地方可被指摘。客观地说，尽管为了写报告花费了大量的时间而影响了工作绩效，杨的报告质量还是很好的。因为担心报告不够好而抗拒更快地出具报告，当经理坚持要求提高工作效率时，他变得很纠结。杨与“我必须把事情做好”的想法融合，只要此想法支配着他的行为，我们就很难看到其行为的灵活性。如果杨能觉察到自己有这个想法并更具弹性地选择如何应对，且去关注更广阔的语境和“什么是有效的”（不仅仅是短期内），这样一来，不仅他的经理会更开心，杨或许也能腾出写报告的时间用于其他更有益的活动。

我们学习遵循的许多规则都是基于内部或社会构建的关系，它们与直接的环境突发事件关系不大。“男生不哭”就是一个很好的例子，因为事实证明男生是会哭的，而且允许自己在别人面前表现脆弱的过程会更加强化这一点。如果一味地试图盲从规则，便可能产生一些负面的后果，如因哭泣而自我批评或内疚。需要记住的一点是，规则本身并没有本质上的危害，因为它们只不过是一组言语关系。有害的往往是僵化地遵守这些规则，而不去追寻这么做是否有用。许多规则的提出都是有充分的理由的，不过重要的是，要不断检验随着时间的推移语境的变化是否意味着遵循规则的功能也发生了变化。

ACT 的主要过程

22

ACT 的目标

作为一种干预措施，ACT 与其他治疗方法的不同之处，在于它不是基于症状消减模式。相反，其主要目标是增加价值驱动的行为，同时，熟练应对在此过程中出现的内部障碍。虽然 ACT 并不聚焦于减轻症状，但症状通常会减轻，或开始以一个截然不同的角度被感知（这就是“感觉上更好”和“更好地去感觉”之间的区别）。它更多的是一种强调，即从一开始介入就开启询问有意义的美好生活是什么样子的。

努力朝向充实、丰富且有意义的生活，可能会缓解来访者寻求帮助的一些症状，如关系隔离、精神萎靡、焦虑或缺乏动力等。参与能带来价值和意义的活动和关系可以获得实际的回报。当然，这就意味着要走出舒适区，向困难的情绪敞开心扉并承担风险。在此能看到只专注症状消减的干预手段之困境，因为我们很难辨别哪些情绪需要消除。这也是为什么 ACT 采取不同立场的原因。

ACT 能帮助来访者探索生命中真正重要的东西。从某方面来说，它成了一种探究宏大问题的存在主义疗法。然而，有时答案并不宏大，它们小小的，悄然无声，只与个人相关，却又弥足珍贵。仅仅回答这些问题是不够的。它们需要被积极地利用，作为暗夜里的指路明灯去指引新的前进道路。在这里，ACT 明确邀请来访者以自我价值为导向采取有意义的行动。

当然，人生并不是仅仅知道自己看重的价值所在并确定方向那么简单。在生命旅途中，我们难免会遭遇艰难险阻，出于本能或自动学习可能会觉得这些是不能克服的或需要回避的。而ACT则为我们提供了巧妙应对这些经验的方法。它告诉我们不畏其难，坚守本真，恰似风中的芦苇，灵活而不僵化。关键是，能够对我们眼前的实际情况做出反应，而不是出于对过去或将来的某些观念而启动自动反应。经验性回避和认知融合即是这些自动反应的表现形式。当它们于人无益时便成为ACT干预的目标。

23

心理灵活性

想象一下，因你和团队其他成员提交的一个项目提案，你刚刚受到了上司的严厉批评。她粗略地看了一遍之后以“幼稚且不严谨”为由否决了这项提案。在过去的半年里你们一直在为此努力工作。现在一想到这种情况怎么总是发生，你就感到受伤和愤怒的情绪滚滚袭来。于是你准备冲回她的办公室好好跟她交涉一番。然而，当起身要去面对她时，你停顿了片刻，与呼吸建立起连接，注意到了自己头脑的反应。你意识到自己需要为团队尽最大努力，认清关键所在。所以你决定与团队仔细研究以商定下一步的工作。

这是一个有关心理灵活性的例子。心理灵活性是ACT运作的核心步骤，是全然接触当下的能力，以期建立朝向价值而动的行为模式（Hayes,Strosahl, & Wilson,2012）。在上面的例子中，我们轻易就能想象到，人产生的想法和感觉可能会支配行为并导致暴怒（很可能是破坏性的）。心理灵活性允许我们对其他潜在的引导资源作出反应，从而使基于价值的行为模式得以显现。

一般来说，在威胁性刺激面前，我们的行为反应通常会变得狭隘和僵化。但这是有功能的，因为当我们遇到有威胁的事物，无论是过马路时向我们疾驰而来的汽车，还是远足时追赶我们的熊，我们都可以跳开或跑向相反的方向，直到感觉安全为止。这些都是回避行为的有益实例，也正是我们每次遇到可怕或威胁性的事物时倾向于作出的功能性的狭隘与僵化的反应。然而，我们的头脑喜欢把内在的经验（想法、情绪、记忆和感觉）与外部威胁等同起来，这便导致了无益的狭隘与僵化的行为。在第一个例子中，把受伤和愤怒的感觉当作实际威胁来回应很可能会导致无益的行为。例如，对你的上司大喊大叫，告知对方所有你觉得她特别应该知道的事情。除非想迅速进入失业状态，否则对于这种情况，你需要采取广泛、开放、灵活的应对措施，而不是仅仅由最初显现的内部体验来决定。

心理灵活性是一个描述心理健康、发展和有效行动的六步模型（Wilson,2016；见第27个关键点）。其流程在研究项目中得到了广泛探索。正如ACT模型所预测的那样，心理灵活性一直被认为是ACT干预对结果进行影响的中介（Ruiz,2010）。

24

辨别与追踪

来访者通常在初次接触帮扶专家时对自己的问题及他们想要与众不同的地方都有清楚的认识。令他们总是迷惑的是，事件的各组成部分是如何让自己深陷卡顿的循环而不能自拔的。他们就像身处龙卷风的中心，不能理清当下形势。心理工作者的工作是按下风暴的暂停键，与来访者一起开始观察它各个不同的部分，并识别出它们彼此之间的关系。这两种技术叫做辨别（discrimination）和追踪（tracking）。

辨别指的是能够把我们自己和我们的行为从周围世界中分离出来的言语技能或能力。我们在生命早期做出的其中一个基本的辨别就是我们与外周世界不同，主要是区别于我们的最初养育者。当我们开始意识到有界限将我们与他们分开时，同时也注意到我们可以有不同的欲望和企求以及对环境采取行动的能力，且开始知道自己的行为会产生影响和后果。随着言语能力日渐熟练，我们掌握了越来越复杂的行为辨别方法：知晓了我们的行为会影响外界空间（空间框架：我这边拍手的动作，会引起那边你的注意）；发现了行为的对立面（对立框架：如果我不哭，我就不会被注意到）；也注意到我们当下的所作所为会对以后产生影响（时间框架）。最终我们也学会了运用他人视角去看待问题（你的观点不同于我的观点）。所有这些都在揭示一个概念：我在行动，这些就是影响。

当治疗师帮助来访者辨别自己的行为时，也在帮助他们去关注塑造行为的偶然因素。包括区分欲望刺激和厌恶刺激，无论是外部的，比如在我们的环境中发生的事情，还是内部的，比如情绪。这样，来访者不仅学会了辨别自己的行为，而且学会了辨别自己行为的控制源。例如，治疗师可以帮助来访者去觉察，当他们感到被批评时所体验的受伤的感觉或认为自己无用的想法以及自我保护的行为（自卫反击），也可以帮其注意到这种行为的后果，并从实现目标或采取价值行动的角度对此进行评价。

所有这些为后来追踪能力的发展提供了基础。在严格的行为定义中，追踪是一种受规则约束的行为，在这种行为中，遵循规则是因为有过因遵循规则而被强化的历史。在踏上一条车来车往的道路之前，我们大多数人都会先看看两边的情况。这是一个非常有益的规则，我们能持续生存至少部分是因为赞同了这个规则。更广泛地讲，追踪是指描述语境和行为之间功能关系的能力。在上面的治疗案例中，来访者可以尝试观察在被批评的语境下反击行为的双重功能，它如何给自己提供安全感和减少威胁感，同时还经常会破坏重要的关系。

当来访者学会有效地辨别和追踪自己的行为时，他们就会试着走出无法控制的“龙卷风”，注意到自己行为的影响并开始巧妙地选择行为反应。

25

拓展行为功能

提高心理灵活性会给来访者提供更多技能，来拓展他们对刺激（如不想要的情绪）的反应范围，这通常会引起特定功能性反应。功能分类的依据是：任何反应只要效果相同即为一类。一个很好的例子便是面对令人焦虑的事件时人的回避行为。尽管回避形式和规模多种多样（饮酒、情绪压抑、担忧、过度运动），但其基本功能完全相同：消除或减轻感知到的威胁。同样的道理也适用于那些专注于减少悲伤的行为，如保持忙碌、想些积极的想法、装出开心的样子等。这些看起来截然不同，但同处一个功能类别，都是为了减少触及悲伤的感觉。因此，如果一个人总是对焦虑做出回避的反应，或者总以减少悲伤的行为去应对悲伤，那么他们的行为则被视为过于狭隘。

当然，不能仅仅因为反应范围狭隘，就认为这种行为有问题。我们需要根据其整体的实用性进行评估，从 ACT 的角度来看，即行为对所选价值方向的影响程度。不难想象过度的回避对生活会有多大的限制。这实际上被归类为焦虑障碍的一个典型特征。

因此，当来访者遭遇不想要的经验时，ACT 会帮其以平时不常采用的方式去改变行为。这可能包括转向导致焦虑的情境而不去进行回避（如暴露），也可以包括面对悲伤采取行动（如行为激活）。在很多方面，实际行为不如其功能重要。如果它具有增加和拓展行为功能的特性，那么它就有潜在实用性。

行为功能的拓展，指的是在通常会产生狭隘反应的刺激面前建立替代性反应。从干预的角度来看，新的行为对来访者应该有一定的效用，即可以帮其在面对不想要的经验时做出更有效的反应，从而使他们能够按照自己选择的方式行事或坚持其行为表现。因此，ACT 治疗师将帮助来访者评估该行为的实用性，以及他们是否会再次选择这种行为。最后，如果发现其有用，则帮助来访者保留此行为，这通常意味着对行为进行演练以使其功能保留并在未来可用。

26

关注过程

当谈及感受、想法、感觉和行为时，很容易把这些看作是相互作用的独立单元。因此，我们的目标就是找出导致问题的那部分并对其进行改动或调整。然而，行为学视角并没有对这些部分做出清晰的区分。斯金纳（Skinner，1953）认为行为（有机体所做的一切，包括思考）具有复杂性，因为它不是静态的事物，而是一个不断变化的、流动的过程。将溪流作为行为的隐喻去观察，以改变它本身的组成成分为目标意义不大，倒不如改变溪流流经的环境（或语境）。这不仅包括溪流的障碍物，如岩石或原木，也包括形成其流向的实际河床。从这个角度看，ACT的重点是改变行为发生的语境，从而使行为向选择的方向发展。

ACT 中常见的一句话是：干预是帮助来访者更好地去感觉，而不是感觉更好。这就是说，当我们陷入困境时，往往希望少体验一些当下的困难或痛苦感受，因此会产生与之抗争的冲动。这就像试图更换或改变溪流中的水一样，我们跳进溪中竭力对水进行拦截以使其避开我们在意的部分，或将水舀出来进行挽救。这是一种可理解的完全合理的反应，只不过最终却是徒劳的。我们可能更适合把精力放在与水的和平共处上，坐在岸边默然欣赏四周景色，静观溪水慢慢流过。

这里的重点是改变“行为流”发生的语境，关注“行为流”的过程，而非聚焦其内容。也可以说成是改变我们与行为之间的关系。其中一项重要技能是能够辨别行为的组成，以便区分那些我们可以控制的部分（行为反应）和无法控制的部分（如情绪反应）。还有就是我们需要追踪这些经验的言语语境（例如评价、判断、自我批评）。通过学习技能使我们与想法之间产生心理距离，进而改变我们与这些经验的关系，这可能是一个产生心理灵活性的过程。

27

灵活六边形模型

心理灵活性是ACT模型的核心（见第23个关键点），包括六个子过程，即接纳（acceptance）、解离（defusion）、接触当下（contact with the present moment）、以己为景（self-as-context）、明确价值和承诺行动（committed action）。这些过程以六边形形式呈现，被称作灵活六边形（hexaflex）（见图27–1）。

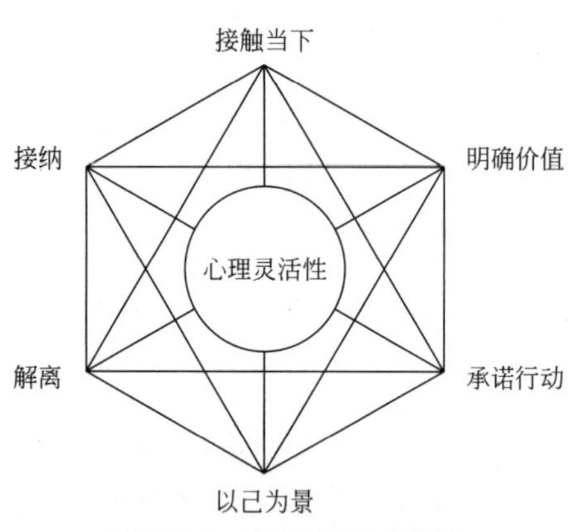

图 27-1 ACT 灵活六边形

如图 27-1 所示，其中每一个过程都与其他五个过程存在联系，强调了这些过程之间的相互关联实则重叠的关系。要想最大限度地发挥心理灵活性，每个过程都需要同步启动和运行。

以上描述的是心理健康与灵活性，当然反过来说，心理不灵活才是ACT的主要干预目标。它通过经验性回避、认知融合、概念化自我（以自我为中心）、缺乏价值联结、无承诺行动（冲动、回避或不行动）得以维持。同样，这些过程也是相互关联、彼此支撑，从而产生痛苦。为了说明这一点，请假设一个来访者的例子，他经历了妻子的亡故，并融合了一个想法，即“我的悲痛如此之大以至于我永远也不会复原”。这种融合导致他避开所有能引发伤感的情境（包括想法、回忆、与亲人在一起谈论妻子的情形）。回避下的功能之一是使他减少了有价值的行动，如与家人相处、全身心投入工作。在面对一个重大创伤事件导致的丧失、悲恸和意义重建时，所有这些过程汇聚产生高度的僵化。

此模型还可以按组分成两部分。左侧（包括接触当下和以己为景的核心过程）集中起来概括描述了正念的过程，即：接触当下的意识、接纳的态度、对想法非评判的解离、以己为经验背景的角度。右侧则为基于价值的行为激活过程，指的是通过关注当下而采取的以价值为导向的承诺行动。

模型的第二种分类方式是将其分为开放（open）、觉察（aware）和行动（active）三个过程（详见第 39 个关键点）。开放由接纳和解离组成，描述的是对内部经验持开放态度以减少内心冲突。觉察指的是以开放的非评判意识接触当下的能力，而不被概念化的过去、将来或概念化自我所支配。行动，即将价值与承诺行动结合起来，明确选择方向并为之努力。

作为一个强有力的工具，灵活六边形模型（the Hexaflex model）有助于我们描述和理解行为的关键过程且对一些引起卡顿的主要原因作出概述。然而，它并不能作为程式化的工具，因为它不能显示出来访者的各个过程相互关联的功能方式。它可以作为临床或技术教学工具来快速显现核心过程，但我们很少（如果有的话）用它和来访者一起去阐述主要问题或内容。

28

接触当下

现代西方世界趋于快节奏和行动导向。因此，大多数人依赖一种强调行动的思维模式，如思考、计划、问题解决与分析。虽然这种能力带来了许多好处，但随之也产生了附加的结果，即使我们会对过去的失败进行反思并担心即将到来的厄运。此模式可以与一种我们较少使用的存在思维模式形成对比（Segal, Williams, & Teasdale, 2013）。后者与我们的五感联结更紧密，因此具有更强的当前意识。

虽然由于大量的重合，“接触当下”和正念这两个词经常被互换使用，但二者还是有一些区别的。正念具有更宽泛的架构，包括不强求、接纳和不评判。因此可以说，当接纳、解离与接触当下结合在一起时更贴近正念的概念。此外，ACT 更多的是强调价值，当然也结合了正念，只是未做明确说明。

当走出五感存在模式进入思考模式后，我们就开始概念化。更通俗地说，就是我们给自己讲故事。这些故事可能有关我们的过去和经历，由我们的记忆碎片拼凑而成。花点时间想一想，在你 6 岁生日的第二天你做了什么？你 16 岁生日的前一周又做了什么？你 25 岁生日之前的那个月呢？你是否在努力回忆那些细节？这着重指出了我们遗忘了多少自己的经历，同时也对我们有关过去的叙述所依据的所谓坚实的事实记忆基础提出了质疑。是的，故事（大部分）基于事实，但哪些是事实呢？是那些消失在时间迷雾里的月、周、日吗？

当试图计划或预测尚未发生的事情时，我们也会给自己讲一些关于将来的故事。这些预测制定得非常轻松迅捷，而且我们确定它们会发生。虽然这往往非常有帮助，但也让我们特别难于辨识自己是否已经滑入了无益的忧虑境地。

当我们进行“时空旅行”脱离当下时，我们接触当下及对眼前实际突发事件做出反应的能力就会下降。这可能会导致我们基于自己对过去或将来的概念化思维做出僵化的反应。例如，我们可能会说：“我不能向我的伴侣敞开心扉，因为我以前受过太多次伤害。”“我不会去冒险，因为那将引发灾难。”虽然这两种想法或许是真实的，但与之融合很可能导致受限的、重复的行为循环。

ACT 强调培养灵活实用的注意力转移能力，因为它利于我们基于价值行动做出有效反应。这意味着我们需要强化接触当下的能力，以应对现时语境下的实际突发事件。这包括提高对想法和感受的觉察以及因此做出的持续反应。可以说这是增加自我认知，以助于做出更有效的价值选择。

29

以己为景

在 ACT 描述中，自我由三部分组成，即概念化自我（self-as-content）、经验性自我（self-as-process）、观察性自我（self-as-context）（以己为景）。概念化自我是指所有的内部经验——想法、信念、情绪、记忆和感觉。这与观察性自我形成对比，后者是所有这些内部经验发生的背景。根据定义，它不是由这些部分组成的，而是作为容纳一切的容器被区分开来。最后一部分，即经验性自我，它既非经验内容，也非经验背景，而是对不同内部经验观察和注意的方式。

这里有一个有助于理解的隐喻，设想一个黑暗的房间（观察性自我），里面摆放着各种不同的物体（概念化自我）。在没有光线的情况下，我们看不到任何东西。如果再想象房间里有个光源，比如聚光灯，被打开来照亮一个特定的物体，那么这个物体就会变得可见且愈加突出，而光照较少的物体就会变得不那么凸显。也可以想象一下，聚光灯射出的光范围非常宽广，所有的东西都能尽收眼底。或者相反，光域变得很小，我们只能看到一个物体的一部分。这个观察过程就像是经验性自我。

RFT 通过阐释语言在自我发展中的作用，增加了 ACT 有关对自我的理解的内容。RFT 描述了婴儿时期观察性自我（直证自我）出现时，我们开始学会把自己与他人（尤其是我们的主要养育者）和环境区分开来。通过语言，我们也学会了辨识自己内部经验的不同部分，认识到它们是我们的一部分，并明了这些部分与其他部分的不同。最终，随着健康的发展，我们了解到其他人也有类似（但不同）的内部经验。这凸显了自我意识的出现如何依赖于语言能力而使我们与他人的关系得到发展。

正如我们的内部经验不断起起落落一样，融入社会和语言社区需要我们能够对自己进行描述，也要学会为自己的行为提供理由，还要学习辨识自己的动机、欲望、信念和愿望，并将这些传达给他人。最终，这凝聚成一种可被称为身份或自我故事（自我概念）的东西。当然，虽然它对我们和周围的人来说都是方便且有用的，有助于我们以相对可预测的方式行事，但是，在很多方面它仍会让人觉得不真实。

从ACT的角度来看，健康的自我意识是让人举重若轻并可做出灵活应对。例如，有人可能把自己描述成“一个害羞的人”，但在必要的时候，他们也可以表现得自信有主见。当“害羞”的自我故事变得过于主导并决定所有生活领域的行为时，那就会出现问题。比如，当“我很害羞”阻碍结识新朋友、去找一份新工作或在关系中变得脆弱的时候。一旦“害羞”占主导地位，人将没有空间容纳新的事物。可以说在这种情况下，与其说你拥有自我故事，不如说是自我故事占有了你。这时故事的欲求功能（舒适、认同、安全）超过了厌恶功能（逼仄且受限的生活）。ACT旨在建立一种与概念化自我的关系，使它不再是一个界定性的特征，而是作为一个人经验的一部分可以被举重若轻。

30

接纳

ACT 中的“接纳”（acceptance）一词是一个技术术语，与我们通常使用的方式有很大不同。平时使用时，它给人的感觉充满了顺从和放弃。然而在 ACT 中，接纳指的是对内部经验的一种截然不同的立场。它意味着对这些经验开放，让它们如其所是，以便向所选择的价值迈进。因此，接纳的重点更多的是行为品质而不是情感品质。对于焦虑，我们可能觉得并不欢迎，因而我们的立场体现了一种意愿感。接纳是一种刻意的行为或选择。ACT 治疗师可能会问来访者：“你是否愿意为困难经验留出空间和余地，以便你能够移步去做重要的事情？”如我们所见，接纳中涵有着价值，两者并行不悖。这意味着，接纳的功能是为积极迈向价值服务的。

与接纳相反的立场是经验性回避。同样，后者也有一个功能性的定义，即它与价值相关联。经验性回避只有在造成行为伤害时才具有针对性。所以，举例来说，从 ACT 的角度看，饮酒以回避感受本身并不一定就有问题。只有当它开始影响到采取有价值的行动时，才会变得如此。意思是说你在忙碌了一周之后，喝上一两杯酒来放松一下，不太可能会成为干预的目标。但如果你每天早上第一件事就是喝上同样一两杯，却是为了阻断创伤记忆，而且还可能遏止你做重要的事情，比如上班或送孩子上学，这就成了有问题的经验性回避。

经验性回避总是伴随着其他过程（如融合和脱离当下等）一起发生。当情绪的经验发生时，来访者与“这太过分了”或“我无法处理”等想法融合，其经验就会由五感属性转变为具有威胁代表性的东西。它把人从当下拉到了过去（“这事总是发生在我身上”）或将来（“我的生活完蛋了，我不如自杀”）。当人们试图减少触碰自己的感受时就增加了行为受到厌恶控制的可能性。在这种情况下，基于价值的行动就会变得更不可能。

因此，接纳是辨证的。来访者来咨询是为了寻求避免困难经验的方法，他们往往已经有诸多这种经历。问题是需要转移他们的注意力，强调实际上其控制策略才是问题的根源。正如ACT的创始人之一柯克·斯特罗萨尔（Kirk Strosahl）喜欢说的那样：“问题不是问题，解决问题才是问题。”治疗师的工作是帮助来访者看到自己的过度控制如何导致了徒劳的挣扎。看似矛盾的是，当我们放下无谓的挣扎，不再与已经存在的事物纠结时，转机就会出现。选择接纳可以减少现有问题的恶化，从而把更多的精力投入到生活中真正重要的事情上去。

31

解离

想法没有好坏之分，它只是人类用来沟通、理解、收集知识的一种工具（一种很灵便的工具）。它像任何工具一样，很实用，能够帮助我们完成许多不同的任务，比如从错误中吸取教训，或者为将来制订计划。也像工具一样，其有用与否取决于它如何被使用。同样，想法也能对人造成巨大的伤害和痛苦。它可以让我们无休止地回忆过去的创伤或错误，以及让我们能够想起任何一种尚未评估的恐怖。也正是它让我们想象出一个我们无尽的痛苦尚未出现的将来而导致自杀。

融合（fusion）是一个技术名词，指的是我们把自己想法的字面意思当作真理来回应的过程。如同任何ACT过程一样，它也是依赖于语境的。也就是说，依字面意思进行回应不一定有问题，只有在限制或阻碍了朝向价值的行动时，才会出现问题。融合是一个隐喻，暗示我们是如何与自己的想法捆绑在一起，以至于难以确定想法与自我感觉之间的区别。于是，想法开始过度支配行为，导致当下的周围事件、刺激或各种存在事物都不再有机会对行为施加任何影响。

这样一来，融合被认为是主要问题，而非仅仅是想法本身的存在。这凸显了我们与想法的关系便是问题，因此它就成了干预的目标。当我们与想法融合的时候，它们就会变得非常重要并具有威胁性且需要我们全神贯注，而让我们朝向价值灵活应对就变得难上加难。ACT的方法是改变与想法的关系，与想法拉开距离，从而达到解离。当我们能够进行解离的时候，想法可能仍旧是真实的，也可能不是。我们会更少地从字面意思去关联它们。而它们也不再需要迫切的关注，其威胁性随之减小。当我们和想法之间产生了空间的时候，我们便有机会去考虑其他的行为指南。

我们易于与之融合的想法有很多种，大致可分为以下几组。

- 与有关将来的想法融合：担忧（“这一切都会大错特错”）。
- 与有关过去的想法融合：思维反刍（“我把一切都弄得一团糟”）。
- 与有关自己和他人的想法融合（“我没有用，他人是冷漠的”）。
- 与所谓应该的生活规则融合（“生活应该是公平的，情感应该是被隐藏的”）。

针对解离进行的干预并不涉及消除这些无益的想法或挑战其内容。进行解离首先要培养一种技能，即能够觉察何时想法在无益地支配行为，进而与之脱钩，以便采取有效的行动。这就否定了改变或挑战想法的必要性，相反，它们可以被带着一起走。例如，一来访者与“我是个衰货”的想法融合，导致在亲密关系中从不要求对方满足自己的重要需求。ACT治疗师对正面解决这个问题不太感兴趣（例如，努力去削弱想法的“真实性”），而是会询问这种想法的有效性。这样做的目的是为了突出融合的功能（在这种情况下，给自己提供了一个不去冒险对人开放的充分理由）和成本（重要需求经常得不到满足）。然后，ACT治疗师将帮助来访者培养技能，在他和他的想法之间创造心理空间，以使来访者能够有意识地、慎重地选择如何应对自己的头脑。

32

价值

价值的核心是，当涉及一个行动时，要问为什么，而不是仅仅问这个行动是什么。寻问为什么要进行一项活动，便指出了行为的目的或意义。德国哲学家弗里德里希·尼采（Friedrich Nietzsche，1998）将其表述为："如果我们能找到自己活着的理由，就几乎能以任何方式活下去。"美国喜剧演员小迈克尔（Michael Jr，2017）也表达了同样的观点，他说："当你知道为什么这么做时，你的行为就会变得更加有力，因为你正走进或走向你的目标。"例如，当家人或爱人烦恼时，倾听他们的心声是"你的行为"。你为什么要这么做，可能与想给他们支持或关心的价值有关。

ACT对价值更专业性的定义："价值是持续动态的、不断变化的活动模式的自由选择与言语构建的结果，它为该活动建立了显著强化因素，这些强化因素是参与有价值的行为模式本身所固有的。"（Wilson & Dufrene，2009）下面我们把上述长句分解一下：

自由选择

价值是我们为自己选择的东西，所以它必然是个人的。它们与文化、企业或家庭的价值观不同（虽然可能有一些重叠）。当然，我们自身的发展会塑造我们可能选择要去表达的价值。例如，一个没有过亲密关系体验的人可能会发现这对他们来说非常重要。我们毕生的发展会影响到我们看重的价值。作为一个刚刚高中毕业的青少年，你可能会选择比退休后更多不同的价值表达方式。然而，即使方式多种多样，相同的核心价值领域（如爱、工作、娱乐和健康）仍然很重要。

言语构建

我们用语言通过与言语社区的互动来构建自己的价值。这就是说价值不是感受。感受对价值形成很重要，但价值是言语的。当来访者说：“我很重视幸福感”，从ACT的角度来看，这并不是一种价值。感到幸福可能是也可能不是进行价值驱动行为的结果。

动态的、不断变化的活动模式

价值是当下行动的指南。它们就像指南针一样为现时可以实施的行为提出了一个方向。在这方面，它们不同于以未来为导向的目标。目标是可以实现和完成的，而价值永远无法完成。价值是一个方向，而目标更像是一个目的地。当你想到做一个充满爱意的伴侣的价值时，会立即看到一个陷阱：认为你可以始终勾选完成选项。然而，基于价值的行为会随着时间的推移以动态灵活的方式发展。今天做一个有爱的伴侣，明天你可能就会有一套完全不同的行为表现，尽管你的价值依然稳定不变。

固有强化因素

在帆船运动中，船一旦扬帆就会利用风能向前运动。随着价值的建构，原来环境中无用的事物作为新的强化物被利用。当你与做一个有爱的伴侣的价值联结后，干工作这种表面看来没有关系的活动便可以被价值所驱动。比如，你工作是为了养家糊口，或者你工作是为给孩子树立一个健康的工作榜样。

这也表明了价值可以改变厌恶性刺激的潜在功能。例如，如果亲密关系中产生的焦虑与做一个有爱的伴侣的价值有关，那么欲望功能（“我的焦虑是一个信号：我在意自己是否被爱”）可以被放于厌恶功能（“我的焦虑警告我有一个威胁，我应该撤离”）之上。这并不是说厌恶功能应该被全盘忽视，而是指欲望功能的加入丰富了我们的经验。

33

承诺行动

承诺行动与价值构成了灵活六边形的右侧部分，代表了模型中积极的、行为发生改变的一面。如果说价值就像指引方向的指南针，那么承诺行动就是朝着这个方向迈进的步伐。以为价值服务为导向，此过程要求我们作出改变，以灵活的方式承诺行动，而不是继续僵化的不切实际的行为。

虽然这是一个行动呼吁，但这个过程并不总是指向越来越多的行动。有时承诺行动会包括停止某种行为或保持克制。比如，在亲人犯错后不去批评他们，忍住不去实施自残行为，或者关掉电视早早睡觉。虽然这或许显示出了明显的行为减少，但个体内在大概需要做一些积极的事情。这可能意味着用心地融入当下时刻，或当一个熟悉的行为被停止时为不适留出空间。这表明了灵活六边形中其他过程如何对承诺行动进行支持。要想采取真正的承诺行动，一个人需要联结当下重要的事情，对那一刻出现的任何内部经验都要表现出接纳和解离的态度。所有这些结合在一起便产生了心理灵活性。

作为一种行为模式，ACT 吸纳了许多传统的行为技术，正是通过承诺行动过程，它们才得到最好的整合。其中包括使用暴露疗法治疗焦虑，使用习惯反转训练或行为激活治疗抑郁。

承诺行动的过程引导我们注意应如何对自己的行为负责。我们有能力在任何情况下以自己的价值方向为指引去做出反应。当然，其反应方式必然会受到环境的限制，不过我们总能借助价值来选择下一步的行动。

真正的承诺行动是与意愿并行的。当我们踏入未知领域进行新的尝试或冒险的时候，并不知道会出现什么结果。我们的头脑中肯定会有很多无法证实的预测。因此，无论出现什么，承诺行动都会随意愿的刻度盘设置在“高”水平。而且它不可能是带条件的，比如，“当然，只要不出现焦虑，我会冒这个险”。诚然，我们都希望得到这样的保证和随之而来的确定性，但如果我们被这种欲望勾住，它就阻碍了将意愿设定为“高”的可能。如果你要进行高台跳水，却极力蜷缩身子在上面僵持以免自己掉下来，这很可能只会延长整个过程，同时削弱你处理其他事情的能力。相比之下，如果你先用双足起跳，相信自己能处理好接下来的事情，你就会给到自己支持并全然进入体验。这样一来，成功的衡量标准就从外界不被来访者所控制的因素转移到了他们的内在。通过有意识地朝向所选价值的行动，其内在的固有强化因素便会显现，给人以更强的目标感和自主性。随着进一步的成长和学习，又反过来加强了价值行动的行为模式。当行为的强化因素被置于内部而非外部时，这便建立了一种强大的心理韧性。

100 KEY POINTS

接纳承诺疗法（ACT）：100 个关键点与技巧

Acceptance and Commitment Therapy:
100 Key Points and Techniques

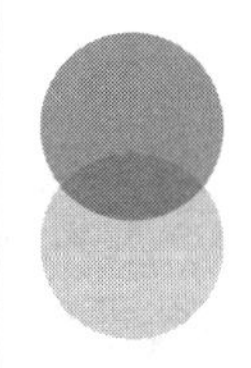

Part 2

第二部分

“手”

34

ACT 之“手”——技术与实践

正如你在本书第一部分所读到的，ACT 是一种深层次的行为模式，侧重于从行为的精度、广度和深度对其施加影响。作为一种干预手段，无论是进行治疗、教练还是促进组织发展，ACT 均旨在引导受助者做出积极改变。目标的讨论、家庭作业的设定、技能练习及想法和意见的分享等所有这些活动，都是基于咨访双方共同工作的导图，即对当前问题缜密的功能分析，也就是第一部分所述理论与实践（如何实施）即“头”与“手”结合之关键所在。虽然ACT 是一种积极的干预，但积极并不总是意味着忙碌。娴熟地运用双手说明我们清楚自己想要的目的和过程。有时候我们的确是忙得手无闲时，但更需要的是坐下来静一下心。你可能已经习惯于听到这句行动号召：“不要只是坐在那里——做点什么！”而我们的观点是：“不要一直忙——坐在那里”，这同样重要，ACT 其中一部分实践技能便是与来访者一起关注当下时刻，并识别在相应时间点上什么是最有帮助的。

本书此部分将探讨如何从评估中收集相关的关键信息，并汇总成有益于来访者及其目标达成的方案。我们将给出关于如何以清晰、连贯和有意义的方式分享这些方案的提示和意见，也会概述ACT 中用来推动支持心理灵活性过程的核心技术，其中包括一些有趣且功效俱佳的隐喻和练习建议。在这一部分的最后，我们会提到如何更全面地组织干预的总体流程，以使方案中各重要环节更加清晰，从而使工作有效向前推进。

通常在技术性工作中，科学家们可以冷静地控制变量以产生期望和正确的结果。然而与任何涉及人类的科学一样，影响和改变行为的工作并非仅限于此。它是一个非常人际化的过程，一切以人际关系为基础。我们不仅需要理论（“头”）与实践技能（“手”），还需要“心”（留待后续）……

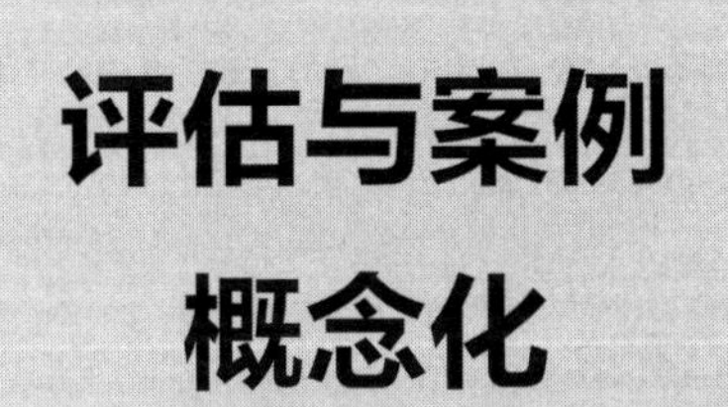

评估与案例概念化

35

ACT——认知行为疗法的分支

经常听到心理学界将ACT与认知行为疗法（CBT）相提并论，仿佛它们是两种不同的方法，分别用来帮助人们在专业人员的引导下去处理问题、应对挑战。如此看待ACT和CBT就好像拿苹果与水果做比较一样，并无多大益处。在进行评估时，把ACT看作是CBT的一种形式反而对我们来说帮助更大，就像认为苹果是水果的一种一样。与其他形式的CBT（如理性情绪行为疗法或认知疗法）一样，ACT治疗师也对收集有关来访者的想法、情绪、行为、生理感觉以及这些经验发生的语境等信息感兴趣。因此，如果你是带着CBT其他形式的知识和专长来阅读本书，我们特别建议你在参与评估过程时以此为借鉴，重点关注来访者的这些经验。

除对来访者如上经验进行全面评估外，另一颇为有用的评估技能便是功能分析，其同样来自CBT广泛的实践。功能分析包括识别相关的具体行为，并把该行为放回到其发生的前因后果等语境中进行理解。这被广泛地称为ABC理论（前因-行为-后果）。例如：如果来访者报告了回避的问题模式，有效的步骤便是令其举一个具体的回避示例，并构建一个ABC分析。如下所示：

A（Antecedent）——一个朋友发短信给我，邀我去参加一个聚会。我感到很焦虑。

B（Behaviour）——我没有回信息，避免了聚会。

C（Consequence）——我感觉松了一口气。

运用操作性条件反射的原理，治疗师可以看到，由于来访者焦虑的减低使其回避行为得到了负强化，增加了今后此行为会频繁发生的可能性。我们也可以认为其行为处于厌恶控制之下，因为它的动机是希望减少焦虑体验。虽然来访者可于短期内获益，但如果该行为得到持续强化，其回避模式就会加强，长期来看得不偿失。例如：一个人如果总是以不感到难受为行动标准，其代价可能就是很难过上以价值为导向的生活。而能意识到某些行为是有成本的，则可以帮助来访者在遭遇逆境时做出更有益的选择。这种探索情绪、想法和行为之间相互作用的过程是许多认知行为疗法的共同点。

之后，我们将重点介绍ACT特有的评估方法（如第46个关键点的“ACT矩阵”）。但请谨记这些方法均源于早期CBT，且ACT实践能力的加强取决于对认知行为理论更充分的理解。

36

体验式学习

体验式学习（experiential learning）是让人直接参与体验的一种学习类型。我们可以从中发展新技能，学习新知识，并获得前所未有的新观点。这与更多使用言语方式进行的学习类型（如我们大多数人都会在教育系统中经历过的指导式学习）形成对比。很多父母的养育方式同于后者。我们大多数人之所以不会把手伸进插座，是因为被告知那样做后果不堪设想。虽非亲身经历，只是通过口头传授的方式学到，但我们大多都会严格遵守这一间接经验。然而也有很多教训是我们通过直接经验得来的。例如，我们可能会因为说密友的闲话而失去他们的信任，或者空腹喝得酩酊大醉而颜面尽失。

这些学习类型没有好坏之分，但是，在帮助人们改变的心理治疗中，使用哪种类型的学习是值得考虑的。在日常生活中，很多人依靠指导性言语学习方式向他人传递信息。如过马路前先要看两边，在计划干预措施时要先有构想，等等。这样的指令能迅速有效地传递信息。但心理治疗中出现的问题往往并不适合进行直接指导。首先，来访者会经常从善意的朋友、家人那里或网络上得到大量指导信息而令其无所适从。如果问题的解决简单到“吃几片阿司匹林，把脚抬起来”，他们可能早就做了。其复杂性使问题更加难以改变。由于来访者先前所用策略曾经有效或者采用新策略对他们的安全感、一致性或身份认同感造成很大威胁，指导性学习便不大可能会有效，因为来访者所持有的言语规则阻碍了信息的接收。

体验式学习冲淡了语言的影响，使来访者有机会与现实事件直接接触，临在当下，如其所是地进行体验，而非受制于他们的头脑所思。例如，治疗中一位高度焦虑的来访者倾向于关注未来和某些威胁性事物。虽然威胁可能尚未发生，但高度戒备状态仍然存在。指导性学习（“你没有什么可担心的”），充其量只能使其短暂缓解，而体验式学习则让来访者以一种完全不同的方式去体验当下。治疗师可以通过一系列过程来建立体验式学习。例如，帮助来访者面对他们的恐惧，将实际经验与头脑的设想经验进行比较。

体验式学习可以通过隐喻来实现，为来访者提供另一视角去看待他们纠结的问题（例如，见第55个关键点示例），也可以进行价值的练习（见第60个关键点示例）和正念练习（请来访者以开放和非评判的态度接触当下）。所有这些方法都旨在通过增加与现实事件的直接接触来加强体验式学习。这并不是说言语指导性学习没有用而需要停止，只是在概率上它对来访者的影响性较小。

37

隐喻的效用

隐喻在谈话治疗中的使用由来已久，ACT 中尤其如此。它使我们能够通过语言的力量来理解和表述困顿状态，同时促进行为的改变。特内克（Törneke，2018）从RFT的角度对其在实践中的应用进行了全面探讨，有助于我们更加深刻地去观察和理解隐喻的功能。

隐喻可以在通常不会相互比照的两个事物、行为或经验之间进行比较。这样，一个清晰、已知的信息便可以从一个关系网络传递到另一个关系网络中，进而点亮先前未知、模糊的新视角。隐喻因此成为传递新信息或新功能的载体，而来访者的关系网络（如问题根源）即成为接受新信息的对象。

“中国指套”（见第55个关键点）是个很好的隐喻例子，它使用一个简单的儿童玩具来现场展示实际当中我们的自动反应（将手指从套中拉出来）如何产生出适得其反的效果（指套收紧）。然后以此为载体，描述了将手指拉出和指套收紧之间的因果关系（见图37-1）。顺便说一句，这个隐喻的妙处在于你可以真的给来访者一个中国指套，这样他们无需依赖描述就可以直接感受到这些经验，而且切身体会过的现场隐喻往往是令人非常难忘的。然后，治疗师可以做一个口头比较，比如说：“看来你对中国指套的反应方式很像你对待焦虑的反应方式。”（这是一个协调框架）这样就可以把隐喻的含义（在不适的情境下，手指外拉导致指套收紧）转移到与焦虑相关的关系网络中。这个关系网络包括焦虑的感觉、相关的想法及其关键的行为反应。通过如此隐喻，这些不同元素之间的功能关系变得更加突出，有利于来访者更有效地领悟。重要的是，当治疗师用中国指套来示范（将两手指进一步内移到指套中以释放紧绷和不适感），并联系面对焦虑其行为功能拓展后的效果时，便为新行为的出现打开了一扇大门。

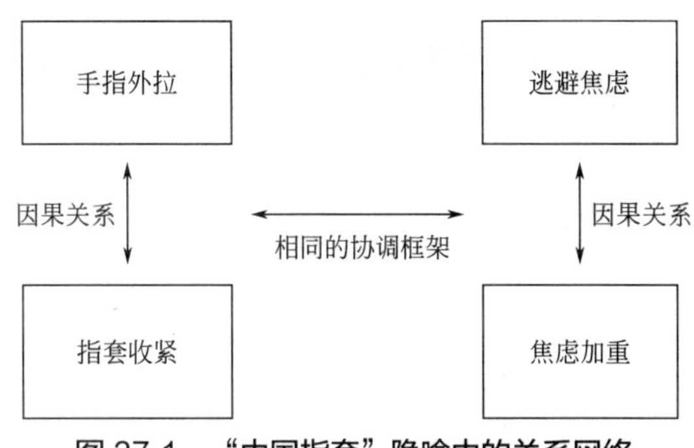

图 37-1 “中国指套”隐喻中的关系网络

在运用隐喻时，无论是现有的隐喻还是和来访者共同创造的新的隐喻，都要切记几个关键问题（Törneke,2017）。首先，隐喻的功能和来访者问题的功能之间需要有恰当的对应关系。例如，“中国指套”的隐喻可能就不太适合用来描述来访者面对批评时的防御性反应之间的关系。隐喻还需要在来访者的经验范围内。如果他们从来没有坐过公共汽车，那么“公交上的乘客”的隐喻（见第68个关键点）就不太可能有效。最后，关键是隐喻的目的要明确，并且确实与来访者的重要功能相关。当然，这需要治疗师从评估中很好地理解来访者问题的主要功能关系。

38

聚焦过程

在ACT评估中，治疗师的工作重点是放在导致问题的中心过程上的。这意味着评估将涵盖所有六个过程，以及它们如何促成心理僵化。所有这些都建立在一个功能性语境框架之内。治疗师将由此探询出特定过程的运作方式及其语境的支撑作用。

例如，如果来访者说“我是个失败者”，ACT评估的重点不是寻找“失败”的客观证据，而是相关过程。虽然有人可能真的认同“失败”并与之融合，仅仅因为“失败”与事实相符。这似乎不大可能，因为在来访者一生中，会有很多不符合“失败”的事例。因此，通过指出这些事例来解决这个问题可能具有直观的意义，但这并没有考虑到“失败故事”的其他功能。这样做可能会导致治疗师加入到来访者与故事的斗争中，无意间强化了其与故事内容之间的关系。

ACT评估将探索当“我是个失败者”出现时，来访者作何反应。包括他与“失败故事”的融合程度，或让故事引导行动（认知融合），或试图消除故事（经验性回避），与其抗争。治疗师可能会问：“当‘我是个失败者’引领行为时，你朝向重要价值前进的可能性有多大？”还可能问：“‘我是个失败者’是否能保护你免受任何伤害，比如冒险或遭受损失？”也可能会问：“你关于自己的这个故事发生多长时间了？”以了解来访者的学习经历如何促成了故事的运作。所有这些都有助于增加对“我是个失败者”的多重功能、功能的支持语境以及与之相伴的过程的理解。

这有点像一条隐喻的故事之河，我们从中能够观察到来访者发觉自己被水卷走了，自然会有一种试图跳入河中营救对方，帮助其缓解痛苦的冲动。但我们更需要的是一种远距离观察的态度，看河水如何流淌、它的流经路径以及水流所遇到的阻碍。在评估过程中，治疗师首先要帮助来访者注意到有一条他们被困于其中的故事之河。然后在干预中，练习走上来，与岸上的治疗师一起看着河流缓缓流过。

39

开放、觉察、行动

我们以术语“开放”“觉察”和“行动”将ACT六个核心过程分成了三部分。这非常利于向来访者描述问题要点并有助于治疗师进行更有针对性的评估和方案的制定。这三部分以心理灵活性为基础，可被视为ACT的支柱。依据干预的重点，每一部分都能起到支持健康、幸福或复原力的作用。

第一支柱“开放”，由“解离”和“接纳”两过程构成。其强调对内部经验持开放的态度，接纳令人痛苦的或不想要的而非与之抗争，以此减少无效行动或经验性回避。此外，行为更有可能被直接的偶然事件所塑造，而非受制于僵化的规则。提问的主要问题可包括：

- 哪些是你特别纠结的内部经验？
- 你是否有时能坦然面对不舒服的内部经验？

第二支柱“觉察”，指的是以一种开放的、非评判的、好奇的心态去接触当下，而不是被概念化的过去、将来或概念化自我所支配。这部分与第一部分相结合，能让人更有效地与当下接触，因为要做到“觉察”与“开放”都需要真正地临在当下。提高对自我和自身故事的客观判断能力，可以减少与概念化自我和概念化时间的纠缠。提问的主要问题有：

- 你是否发现自己经常在自动模式下行动，被自己的想法所左右？
- 你觉得跳出自己的观点，以他人角度看问题容易吗？

● 你是否发现很难宽容自己，难以做到自我关怀？

最后，第三支柱“行动”，将价值与承诺行动结合在一起。这部分需要来访者与自身价值方向建立紧密联结，明确什么对自己是重要的。由此展开以所选价值为导向的行动。提问的主要问题有：

● 你在哪些时刻觉得自己最有活力、情绪最饱满、思想最投入？
● 你在设定人生方向、制定和坚持目标方面的能力有多强，即使在遇到困难的时候？

这三大支柱都不是孤立存在的，而是协同运作，从而使人产生心理灵活性。例如，当针对“行动”部分进行操作时，我们需要“觉察”技能来观察内部出现的想法和感受。同时还需要“开放”技能来有效地回应，以减少阻碍有效行动的各种想法的纠缠。通常我们为了拔掉瓶子的软木塞，需要对塞子的不同侧面用力，而不是只在它的一个点上反复推动。创造心理灵活性也是如此，需要“开放”“觉察”和“行动”三管齐下。这意味着治疗师在进行评估或干预时，头脑中需时刻兼顾这三个部分。

40

重点评估

在评估中，治疗师常常花很多时间去定义来访者的问题。作为心理工作者自然会对手头的问题感兴趣，热衷于给它贴上标签并加以描述。至少在一定程度上，这受到诊断类别的影响，后者经常被用来明确和制订干预计划。作为跨诊断的ACT对诊断不那么感兴趣，而对造成阻碍的过程和语境更情有独钟。

柯克·斯特罗萨尔和帕特里夏·鲁宾逊开发了一个ACT重点方案（FACT；Strosahl,Robinson，& Gustavsson,2012），该方案提出了一个更加聚焦的评估，其中包含四个关键步骤，概述如下：

建立对改变的期待

为了探究问题所在，FACT方案要求来访者用1（不是问题）到10（非常大的问题）的尺度来划分问题的严重程度。快结束时，治疗师会问两个后续问题。第一个是："你有多大的信心能坚持执行我们今天制订的计划，其中0是没有信心，10是非常有信心？"第二个问题是："以1 ~ 10分为标准，我们今天的会面对你帮助有多大？"这些提问可以用来评估来访者的问题以及制订的干预计划。

爱、工作、娱乐和健康

我们会询问来访者生活的四个核心领域，以了解其当前所处的语境。

爱——你和谁住在一起？家里情况还好吗？你与家人和朋友的关系是否融洽？

工作——你是工作、学习还是在做其他有意义的事情？你是做什么的？如果没有做什么，你如何养活自己？你喜欢这个工作吗？

娱乐——你都做什么来进行娱乐或放松？你是如何放松的？你会进行创造性的活动吗？您是否与当地社区或邻居有联系？

健康——你是否会锻炼和关爱自己的健康？你是否吸烟、吸毒或酗酒？你的胃口好吗？你的睡眠情况如何？

重点问题评估——三“T”和有效性

时间（Time）——问题发生的频率是多少？在问题出现之前或之后会发生什么？你为什么认为现在问题正在发生？

触点（Trigger）——是否有引发问题的触点、事件或人物？

轨迹（Trajectory）——问题是什么时候开始的？随着时间的推移它是如何变化的？在你的生活中，它什么时候变得更糟或更好？这个问题有什么模式吗？

有效性（Workability）——到目前为止，你都尝试过哪些方法来解决这个问题？这在短期内有帮助吗？长期来看效果如何？从长远计，它是否帮助你成为了你想成为的那种人？

当然，这并不是作为全面彻底评估的一部分所需要提问的全部。然而通过密切关注这些领域，治疗师可以从中提取关键信息用于功能分析，以便帮来访者快速发展用以改变的技能。

41

创造性无望

在ACT的所有术语中，“创造性无望”（creative hopelessness）是最容易被误解的一个。在描述来访者所处境况时，无望往往是治疗师不太容易接受的词语。这里的关键要素是创造性，而“创造性无望”这个词被看似矛盾地用以探寻来访者解决问题的新路径。

由于控制操作（如第18个关键点所述）通常在治疗开始时非常突出，所以治疗师需要为此寻求一些方法。例如，一位高焦虑的来访者会非常专注于学习如何尽快摆脱焦虑。虽然这是可以理解的，但对焦虑的控制无一例外是导致问题的关键。治疗师面临的难题是，如何在来访者那些导致高焦虑的行为不被无益强化的前提下，使其减少痛苦的需求对治疗起到促进作用。答案就是强调控制的无效，但要以此激发出来访者对新的应对方式的好奇心。

使用隐喻

如第37个关键点所述，隐喻是将知识和经验从一个生活领域转移到另一个领域的非常有效的方法。在第54、第55个关键点中，我们概述了两个实体隐喻（中国指套和拔河隐喻），强调了斗争的无效性。第三个很有用的隐喻是“洞中人”：

想象一下，你如常走在人生的道路上，然后有一天，你无心掉进了一个又深又黑的洞里。不难想象，你会有些慌乱，当伸出手寻找出路时，你抓住了一把铲子。

你做出了任何一个头脑正常的人都会做的事——开始挖。问题是，这样做只能使问题变得更糟，因为洞就是被挖出来的。所以，你首先要做的事情可能需要有点反常规，那就是停止动作，放下铲子——即使是在挖掘时感觉良好也要这样做。

长短期效果对比

控制策略之所以如此有吸引力，是因为它们经常会奏效，至少在短期内如此。即使无效，它们也会给人一种主动采取行动的错觉。重要的是这些功能要得到认可和验证。这需与其长期有效性进行对比，然而这便凸显出了控制策略的局限性。这样做会让人对当前策略产生一定程度的无望。我们在这里需要谨慎行事，以免给人留下这样的印象，即作为治疗师，你有 V8 引擎驱动的铲车，却不让人知道。先前的每一种策略从功能上看均可视为另一种形式的切中要害的挖掘。很显然，我们需要一些真正的新的有创意的东西，而不仅仅是更多的无望。

42

有效性

与“创造性无望”（如第 41 个关键点所述）密切相关的是有效性问题。它基于功能性语境主义，把六边形左右两侧连接。

有效性提出了一个问题，即我们的所作所为是否能让我们朝着所选择的价值方向前进。这是一个相当不寻常的问题，因为我们接受过的训练大多会让我们去问：“XYZ 是否正确或准确？”有效性视角鼓励我们跳出根本事实，选择对自己来说重要的东西。例如：尽管“我内心深处已经崩溃”这个想法可能在某种程度上准确地反映了来访者的心理状态，但从 ACT 角度来看，我们关注的是他与这个想法之间的关系，以及想法如何影响来访者做对自己重要的事情。如果事实证明此想法毫无妨碍，他与自己看重的事物建立了深刻、丰富、有意义的连接，那就太好了！在这种情况下，ACT 无需干预。然而，如果一个人对别人敞开心扉时屡屡被这个想法绑缚，以至于阻碍了他的亲密关系，那么 ACT 就会对此进行关注。

这个概念对于避免长时间、冗长地讨论或争论一个想法是否真实是非常有用的。它还有助于减少任何形式的判断，这些判断可能来自暗示某人应该以不同的方式思考或行动。行动可以是有意义的、完全合理的，也可以使人远离对自己重要的事物。因此，根据有效性对行动进行评估就变成了验证性的。这并不是说某个行动是错误的，而是联系其语境，它的有效性差一些。

当你陷入“我的伴侣心力交瘁且很情绪化”的想法时，它是帮你走向还是远离重要的事情？

当你不表达自己的真实想法时，那是你想成为的那个你吗？

当你陷入“没有意义”的故事中时，通常情况下，从长远来看，这样是否有益？

上述每一个问题的重点都是有关特定行为立场的结果。这就建立了一个期待，即改变不是为了改变想法，也不是为了变得乐观积极，而是与价值相联结，并有意识地选择更符合这些价值方向的行动。

43

ACT 模型分享

治疗师可能会被要求在不同水平上分享 ACT 模型。除了培训其他专业人员时，我们很少会谈及灵活六边形或六大核心过程。这些信息往往太过专业或与来访者无关。因此，我们有必要想出一些方法将模型精髓以通俗易懂的形式传达给来访者并能对其具体问题有所帮助。

在干预早期，经常出现的一个问题是来访者在来开始治疗之前已经对控制策略投入了大量的精力（见第 41、第 42 个关键点）。ACT 的标题中有一个略带尴尬的词“接纳”（acceptance），来访者的极力控制与之背道而驰。因此，在早期解决这个问题并简短描述一下有关有效性的内容是很有帮助的。

ACT 可以使人找到生命中真正重要的事情，并以积极专注的姿态向之迈进。ACT 也可以让人学着走出自动导航模式，巧妙地管理人生旅程中出现的想法、感受和情绪，从而减少它们对自己的影响。

将模型的三部分（开放、觉察和行动）放在一起以分享的方式讨论 ACT，既不支持控制策略，又能明确积极的、价值驱动的重点。根据我们的经验，这种陈述方式在进行有关与控制策略相关期望的棘手的对话中非常有效。它往往会在干预过程中展开。早期阶段治疗师的参与很重要，来访者一般都希望感受到自己被倾听、被理解。我们建议你发展自己的类似于上面的简洁分享模式，其中融入自己的理解，以使自己在分享中感觉舒适、有把握为宜。

保罗·弗拉克斯曼（Paul Flaxman）开发了“两张纸”练习（也被亲切地称

为“弗拉克斯曼小妙招”)，以直观的方式表述ACT工作的核心。在这个练习中，治疗师在一张纸上写下“个人价值”，在另一张纸上写下“无益的想法和感受”。之后将两张纸拿起来，使“无益的想法和感受”更靠近来访者，说：“目前，‘无益的想法和感受’更容易影响你的行动。尽管你也想朝向价值行动，但无益的想法和感受却会涌现出来，进而使你推迟行动。”然后，治疗师将“个人价值”这张纸移到前面说：“我想说的是，随着我们的合作，你将学会如何走出自动导航模式，以使价值成为更突出的行为指南。请注意，此时‘无益的想法和感受’并没有消失，只是被淡化了而已。”

最后，在第46个关键点中讨论的ACT矩阵是另一种非常有用的方法，它以图示的方式将所有这些组成部分整合在一起，相比于欲望驱动的行为，它可以识别无效的行为循环模式。进行这种识别是模型分享的核心。“总之，如果你可以选择，你是为朝向你关心的人或事物行动，还是为远离那些让你害怕或不安的事物而行动呢？”这个问题更广泛地抓住了ACT矩阵和ACT工作的实质。大多数来访者会选择前者，这很好地诠释了ACT的工作内容。

44

维持循环

这里有一个经典的 ACT 隐喻。想象一下，你被困在了流沙中，身体开始下沉。你变得惊慌失措起来，试图拉出一条腿。但当你的体重转移到另一条腿上时，你下沉得更快了！现在你真的慌了，你拼命地拉起另一条腿，不经意间把自己进一步推入了流沙之中。这很像我们在面临很多困扰自己的事情时的应对方式，比如焦虑，我们越是努力地去对抗或逃避它，它就越会把我们拉下水。

最令人费解的是，尽管人的意图是好的，但行动却使事情变得更糟，结果事与愿违。在上面的例子中，拔出一条腿看似是一件完全合理的事情。从我们大多数人对痛苦情绪的学习语境来看，面对焦虑时的逃避也是顺理成章的。然而，这恰恰很像是试图灭火却又火上浇油。

识别这些行为需要最大程度的理解和尊重。即使来访者出现最伤人或自我毁灭的行为，一个好的ACT治疗师也会利用功能分析来彻底理解为什么他会这样做。在探索来访者的行为循环模式过程中，有很多地方可以介入，而最有用的点往往是来访者所纠结的不想要的情绪。另外，有必要明确来访者所融合的有关情绪的想法。通常是，“这太过分了”“我不能拥有它，否则它会让我不知所措”“拥有它就意味着我怪异、糟糕或疯狂”。与这些想法的融合，使情绪从一种直接的感官体验，转变为一种具有威胁性的事物（见第53个关键点关于纯净的与污染的痛苦的概述）。正是这种融合导致了经验性回避，其形式包括情绪回避和行为回避两种。情绪回避是直接试图压制感受和相关的想法。饮酒、思维反刍、极端化和人格解体均为很好的例子。行为回避是指回避与某些情绪和想法的出现高度相关的线索或情境。避免治疗中的困难话题，或因害怕失败而撤回晋升申请，都是行为回避的表现。两者之间的界限划分往往是很微妙的。

经验性回避造成了巨大的生命成本。它使人生活圈子变窄，大量能量因回避而被浪费，错失诸多有价值的行动机会。此外，经验性回避还可能造成更多的问题，而这些问题本来是作为被消除的目标的。被压抑的想法往往会反弹，被回避的情绪在长期内也会变得更加突出。所有这些意味着在行为循环开始时更多的痛苦情绪越来越倾向于被维持或者恶化。如果治疗师谨慎、尊重地进行工作，避免引起羞耻感，凸显这些行为循环实际上可以给来访者带来大量的希望，并为技能培养机会指明前进的方向。

45

趋避行为

广义地讲，任何有机体的行为都有两个驱动方向（见第 5 个关键点）。第一个方向是，它可以朝向渴望的事物，如美味的零食、可爱的伴侣或愉悦的体验，在行为学术语里即欲望控制下的行为（来自食欲一词）。第二个方向是远离不想要的事物，比如另一个拥有尖牙利爪的生物或者有毒的环境。这便是厌恶控制下的行为。

随着语言的加入，人类使这一过程变得非常复杂。语言让我们具有了将某些外部事件及一些想法、感受和情绪等内部经验视为厌恶性事物的能力。例如，当我们刚迈出舒适区一步，便会不可避免地感受到某种不适（当然，这就是舒适区的运作方式）。如果这种不适被贴上了太过了、太诡异或是不同征兆的标签，而我们又与之融合，那么突然间，这种感受就变成了威胁，像一只长着利爪的可怕的老虎，变成了我们需要远离的东西。为了摆脱这种感受而形成的行为（情绪压抑、饮酒）便会屈于厌恶控制之下，或者换句话说就是回避行为。

相反，我们还可以有另一种反应，即用语言与有意义的事物——价值相联结。如果上述感受被贴上了有关价值行动的标签，那么经验就会随之改变。行为便有可能在欲望控制之下向前进，即产生趋近行为。

因为往往与有机体生存和繁殖所需有关，欲望控制下的行为在行为组织方面潜力巨大。同时，人们也发现这类趋近行为与更大的创造力和灵活性有关（Friedman & Förster，2001，2002）。厌恶控制下的行为虽然也具有推动性和强大的力量，但往往会造成保守的行为模式，因而组织性较差。所以回避行为一般是规避风险的、保守的。

在制定方案时，关键是要和来访者一起明确哪些行为代表着趋近或者回避。事实上，这是治疗师帮助来访者做出的一个主要辨别。现实会更加复杂，因为有时同一行为既可以是趋近行为，也可以是回避行为。例如，下班后去长跑，很可能是为了健康和幸福之价值所在，但也有可能是一种回避行为，因为它可以消除无价值的想法。因此，治疗师要帮助来访者进行辨别，比如，可以问来访者："当你在做某事时，你是觉得很投入、很有活力，还是觉得很枯燥、了无生气或乏味？"这样连接情感的体验可以找出一些有益的线索。另外，就行为的长短期效果进行提问也可以阐明行为的功能（见第41个关键点）。

46

ACT 矩阵

ACT 矩阵（Polk,Schoendorff,Webster, & Olaz, 2016）是一个很有用的多功能工具，它以一种非常直观的方式将趋避行为（见第 45 个关键点）和维持循环（见第 44 个关键点）整合在一起，用以传达 ACT 模型的主要内容。

矩阵本身（见图 46-1）只是简单地在纸上画出的两条平分线形成了四个象限。横线右端代表趋近行为（欲望控制下的行为），左端代表回避行为（厌恶控制下的行为）。竖线则划分出另两项内容，上端是可见行为，下端是行为的内部驱动力。四个象限可以用来直观地对想法、感受和行为进行分类。

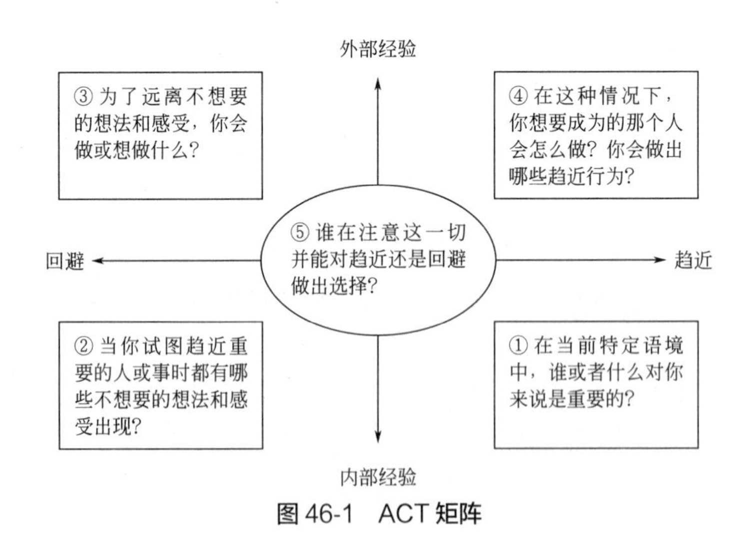

图 46-1　ACT 矩阵

矩阵的右侧聚焦于朝着重要的方向行动。右下象限是来访者的价值方向，此处比较适合引入指南针的隐喻（见第 32 个关键点）。一个很有用的开始问句是：“谁或者什么对你来说是重要的？”右上象限描述了价值引导下所发生的行为。可以这样问：“当这些价值方向像指南针一样指引着你时，你可能会做出怎样的行动？”

矩阵的左侧指的是回避行为，左下象限涉及在尝试有价值的行动时可能出现的想法和感受。例如：焦虑、悲伤或愤怒等情绪，以及诸如“我做不到”“我会再次失败”或“我无法应付这些感受”等想法。下面这个问题可以作为引子：“有哪些想法或感受会阻碍你朝向自己价值？”

当来访者被这些经验困住时，通常会努力远离或使其减少。矩阵的左上象限对此进行了描述。此处可以问：“当这些内在阻碍出现并抓住你时，为了摆脱它们，你都是怎么做的？”

最后是中间的圆圈部分，它是来访者本人去审视所有四个象限内容及其协同工作模式。请他觉察是谁在注意这一切，并引导其认识到，如果他可以做到注意，那他同样也可以在行为方面做出选择。

为了更加形象，治疗师需要和来访者一起用一张纸或白板通过实例来填写不同的象限。虽然没有固定规则，但从右下角开始是不错的选择。先询问价值方向，然后转向随之出现的想法和感受，再移动到左上象限询问回避的行为。最后，至右上象限询问有关价值引导下所选择的行动。在治疗中和治疗后以不同的事例多做几次，有助于建立对行为及其关键决定因素的正念的观察视角，在不想要的或痛苦的想法和感受出现时形成较开放的态度，从而增加积极行为的可能性。

此外，还可以在各象限之间建立联系。第一个环节在左边象限之间，除了强调控制策略的意外后果外，还强调了控制行为的来源。第二个环节是底部象限之间的联系，通过问一些问题，如：“你的痛苦情绪表达出在你内心深处真正重要的是什么？”，使不想要的内部经验与价值方向协调起来，而非对立。最后，将左边两个象限（和右下象限）画在一起，这样问：“当痛苦的想法和感受出现时，如果你拥有价值指南针并且它正在指引你的行动，想想你会选择什么样的行动？”

推动 ACT 过程的技术

47

接触当下的技术

接触当下或正念的技术可以帮助培养觉察能力，被视为 ACT 中教授的基本心理技能之一。在进行描述时，可将其定位为一种意识训练形式，以帮助发展出更具选择性的聚焦能力，从而减少我们注意力的分散及混乱。在介绍这些技术时，治疗师可能会告知此类训练几乎对每个人都是有益的，特别是在面对快节奏的生活或情绪困扰加剧的时候。

有时可以让来访者知晓目前的研究基础提供了很好的证据，证明正念是一种很有用的心理技能，对诸如忧虑、压力、情绪低落和思维反刍等问题具有广泛的适用性，有助于心理健康和复原力的形成。

大体上有三种练习方式，最好从一开始便确定下来，因为正念或接触当下的意识训练可被视为冥想的同义词。这三种方式包括：全天定时的正念检查；在常规活动中增强觉察；有引导的或正式的正念练习。这些内容将在第 48 个关键点和第 49 个关键点中详细介绍。

在介绍接触当下的技术时，要强调体验优于指导。因此，从正式练习开始尤为不错。根据我们的经验，正念呼吸或正念进食的练习通常是个很好的切入点。不管是什么练习或技术，都会有一个贯穿始终的结构，可以总结为“暂停”（pause）、“锚定”（anchor）、“观察”（observe）、“回到锚点”（return to anchor）。

暂停——在进程中引入暂停。可以是一个身体姿势、一次呼吸，或一个手势，标志着脱离自动导航模式。

锚定——发展一个可将注意力聚焦的锚点。可以是一种身体感觉、呼吸，或者是一个可以被感觉到、看到、听到、尝到或触摸到的物体。

观察——带着好奇心去观察锚点，不要试图改变，只尽可能地去注意它，不做任何评判。

回到锚点——当思维游离，宜以友好鼓励的姿态将意识再拉回到锚点。

在如此练习之后，治疗师鼓励对练习进行探究，可围绕练习中如下三项展开——“心”：你的感觉如何？你的直接五感体验是什么？“头”：注意你的思维预期与实际体验之间的差异；注意思维的自动导航模式是如何被替代的。“手”：你如何能将我们刚才的体验应用到你一天和一周内的其他时间？这种注意的品质对生活中的哪些方面会有帮助？

48

非正式正念

将注意力带入当下并不需要正式的练习。实际上，更多时候当下的觉察是通过治疗师在治疗中创造一个正念的语境，或者来访者将觉察带入日常生活中来培养的。我们称其为非正式正念，以区别于正式的或有引导的正念冥想练习（见第49个关键点）。

治疗师与来访者的互动为促进当下的觉察提供了很多机会，其中在两个关键领域可以做到这一点。第一个是注意那些促使从想法或感受中“逃离”的自动反应。利用第49个关键点中描述的四个步骤，治疗师可将来访者的注意力拉到当下。例如：

治疗师：我能让你暂停一下吗？我注意到在你说话的时候，你的眼睛模糊了。我能否请你把注意力停留在身体正在显现的情绪上。这样可以吗？

来访者：可以。但我讨厌这种感觉，我只想摆脱它。我不能让它继续下去。

治疗师：好吧，这么做的确很不容易，而且我听到了你的心声。不过就一会儿，我希望你注意一下自己想极力摆脱它的冲动。而且，尽你所能，看看是否能带着开放与好奇去观察这种感受。你注意到了什么？

来访者：嗯，这是一口悲伤的深井。我只想哭。

由此，治疗师为来访者提供了一个围绕情绪的出现进行当下觉察的机会。当来访者的情绪感受把他们从现在带到将来的时候，治疗师指出其自动导航反应，同时鼓励来访者去接触情绪的身体体验。

第二个是将意识带到价值行动的当下体验中。主要是在价值引导的行为和想法、情绪的厌恶功能引导的行为之间做出区分。治疗师可以引导来访者通过对当下的觉察来使这种区分更加明确。

治疗师：［在来访者透露了一件重要的事情之后］向他人敞开心扉，做一个真实的人，对你来说是非常有意义的……我注意到你现在就这么做了。

来访者：是的，我想我做到了。我一直在努力。

治疗师：嗯，很酷，做得很好，我真的很欣赏你的做法。我还可以问一下吗？你现在有什么情绪感受？

来访者：哈，很焦虑，我注意到我正在出汗！

治疗师：好，有焦虑的情绪。还有什么？

来访者：嗯，好奇怪，我还感觉到自己的心有那么一点点定下来了。比如在我胸口这个部位我感觉到暖暖的。

治疗师：这些感觉相对于你所采取的行动来说说明了什么？

来访者：嗯，它肯定在说“继续”，这很好。刚刚这么做对我来说虽然有些可怕，但我想继续这么做。

这里，治疗师请来访者对更广泛的体验保持好奇，并在这些体验和来访者采取的行动之间建立联系。通过这种方式，治疗师利用持续的对当下的觉察来帮助来访者在“焦虑”、暖暖的感觉和真实的价值之间做出一个协调框架。

49

正式正念的练习

“正式正念”（formal mindfulness）是指特意地留出时间去进行冥想的练习。通常是在治疗中或在录音的引导下进行的。个体治疗特别适合进行正式练习，因为治疗师可以根据来访者需求针对其产生的相应体验具体实施。来访者也可以直接向治疗师提出问题并一起考虑如何在日常生活中进行练习。正如第 47 个关键点所指出的，直接体验重于谈论。虽然花时间来探究来访者正经历的卡点通常是有用的，但有时少说为妙。

正念团体为精通此方法的治疗师们在开始教授或培训他人之前做出了示范。通常情况下，这意味着至少要参加为期八周的课程，这已经成为正念练习的基本培训标准。我们非常赞同这一点，它也很符合 ACT 体验本质的精神。当然，这没有可执行的规则，像 ACT 模式中的任何技能一样，寻求并应用体验式培训是一种很好的实践。我们建议大家多多熟悉各种练习。马克・威廉姆斯和丹尼・彭曼（Mark Williams & Danny Penman, 2011）所著《正念》一书是一系列练习的绝佳资源。所有这些练习都可以从该书的配套网站：http://franticworld.com/free-meditations-from-mindfulness/ 免费下载。

在我们看来，主要练习包括：

正念呼吸和身体正念——此练习是请来访者花时间注意他们的身体，特别是与呼吸有关的运动。以此作为接触当下的锚点，将注意力停留在上面，当思维游离时，把注意力拉回至此。“三分钟呼吸空间”是这个练习的一个简短版本。

正念运动——此练习为来访者设计出一套身体运动和伸展动作。当他们去探索不同的动作时，动作的感觉便成为锚点。

正念听音——此练习是请来访者将觉察移到身体之外，去关注声音，它们可以是房间里自然产生的声音，也可以是治疗师演奏的一段音乐。

引导来访者练习时良好的语调和节奏很重要。同样，如何正念发声并没有固定的规则，通常会先入为主。和任何新的经验一样，能传递出一种温暖和鼓励的感觉是很有帮助的。节奏需要根据来访者个人情况进行调整，但更多的时候，有喘息空间的缓慢且稳定的话语节奏是很重要的。

在个体治疗开始时，治疗师先引导来访者进行一个简短的正念练习几乎总会有所助益。练习持续时间较短，强调五感体验。通过这种方式，治疗师引导来访者以五感之一作为锚点，使自己回到当下。无论任何经验，一个可控的开始都有助于为其提供良好架构，并引领来访者逐步进入更困难的领域。因此，比如，当与一位担心呼吸困难的来访者一起工作时，无论其症状源于恐慌还是慢性阻塞性肺病（COPD），正念呼吸不宜作为治疗的开端，即使后来这会成为一个有益的探索领域。

练习结束时的探索可以帮治疗师把来访者的练习体验融入其干预之中。可根据第 47 个关键点中的指导，以“头”“手”“心”三方面作为开始。

50

以己为景的技术

在遭遇巨大痛苦的时候，如果我们还固守单一的自我立场，往往会难以灵活应对。这可能意味着我们很难站在别人的角度看待问题，因为我们太习惯于通过概念化的未来来审视现在，或者完全不能接纳过去的自己。因此，与来访者一起使用“以己为景”进行工作的关键便是注重培养观点采择的灵活性。

与任何过程一样，以己为景并不是孤立运作的，其间始终会用到基本的解离、接纳和正念技术，特别是当来访者与他们的经验紧密融合的时候（也就是说，与看似无益的自我故事的关系是种欲望功能）。即使在厌恶功能很强的情况下，努力松动这种关系也会引发人的焦虑。

第一步，建立隐喻以帮助来访者构建一种方式，将内在经验视为不同于但包含于作为观察者的自己的一部分当中。用RFT的术语来说，这是建立一种有层级的直证关系，使内部经验被框定为包含在一个比其更大的自我意识之中。就像香蕉、苹果和梨被包含在水果范畴内一样，想法、感受和记忆也被包含在“我”的范畴中。言语隐喻，如“天空与天气”练习（见下一个关键点），或物理隐喻，如里面装着代表内部经验的各种食物的碗，均可作为传达此概念的有用方式。通过引入隐喻，我们开始为来访者建立观察者视角和经验内容（如思想者和想法）之间的辨别能力，也让我们可以帮助来访者观察和标示他们的经验内容以及他们与经验内容的关系，还有这种关系对其采取价值行动的影响。

第二步，我们帮助来访者建立直证灵活性。这意味着鼓励我－这里－现在

（I-HERE-NOW）以外的新视角。一切都旨在加强包含关系（例如："我告诉自己的关于我的故事，只是我的一部分"）。来访者开始看到经验对行为施加控制的能力的局限性。这来自他们观察到经验的起伏变化，或者注意到了让经验决定行为所带来的代价。

最后一步是治疗师帮助来访者明确除了选择作为行为控制源的经验之外，还可做哪些选择。尽管治疗师的目标是培养来访者可以越来越自由地对行为作出选择的语境，但这里通常意指基于价值的行动。治疗师协助来访者对因内部经验导致的行为和基于价值决定的行为进行区分。

51

“天空与天气”的练习

在与来访者一起使用 ACT 工作的早期阶段，提高正念、接触当下、觉察和以观察者视角看待自己内部经验的能力是治疗的关键过程。注意自我相关想法的能力的提高意味着有机会对想法采用更远的视角，而且还表明在自我和所讲述的有关自我的故事之间有更强的区分能力。如果你正在读这本书，那么你和这本书不可能是一样的。一边是书，一边是你在注意它。由此可见，如果一个人能够注意到自己的想法，那么无论这些想法是什么，他都不可能成为自己的想法。

在ACT中有很多技术能够培养观察性自我的视角。由哈里斯（如Harris,2009）广泛推广的一个著名的例子是“天空与天气”的练习，语出佛教作者佩玛·乔德龙（Pema Chödrön，1997）。该练习使用了一个短句[1]：“你就是天空，其他一切都是天气”，指出了相比于天气来说，天空的超然本性。天空是天气的容器、背景，或者说是天气发生的场所，无论天气多么恶劣，天空都不会被它破坏。隐喻传达出这样一个概念：自我是一些有关自我的想法的背景，但又比任何这样的想法或经验范围广。从RFT的视角来说，隐喻在天空与天气之间创建了一个层级关系框架，即天空作为天气的容器其广度要大于天气。而“你就是天空，其他一切都是天气”这句话又在“天空”和“你”之间建立了一个协调框架，在“天气”和

---

[1] 尽管这句话没有出现在她的任何著作中，但公认为出自佩玛·乔德龙。在我们研究这本书时，佩玛·乔德龙基金会告知说作者本人也想不起这句话的出处。

“你的想法与感受”之间同样如此。这样便提出了一个概念：“你”比“你的任何想法和感受”都要大，“你”是它们的容器。对于养成以己为景的信念来说，这是一个非常有效的训练方法，可以降低困难想法和感受所造成的影响，尤其适用于在来访者开始表现出认知融合，比如当他们说“我一文不值”此类话语的时候。

我们可以用这个隐喻作为互动练习的基础，也许可以在一开始问问来访者在来的路上是否注意到了天空。如果回答是肯定的，可以再问问天空是什么样子的。毫无疑问，他们总会提到天气，这时我们可以请他们谈谈天气的变化无常。然后鼓励来访者对天空和天气进行一下区分，并要求他们指明二者的不同之处。一旦建立起了天空与其内的天气之间的包含关系，对话便可以转到来访者与其想法和感受之间关系的思考上来。

52

观点采择

观点采择（perspective taking）是一种变换视角的能力，使我们能以不同的方式从他人的角度看待事物。我们可以通过想象站在别人的位置上直观地去感受他们的喜怒哀乐，也可以通过隐喻间接地去探究他们内心对这个世界的理解。我们还可以站在过去或未来的时间点对当下进行展望或回看。

观点采择能够加强对概念化自我或概念化过去 / 未来的灵活认知。概念化本身并不是问题，但如果把它当作绝对真理便成了问题。这通常发生在我们感到威胁而更需要安全与确定性的时候，又或者由于我们反复对这些概念化作出相同的回应，以至于最后它们成为我们身份认同的一部分时。尽管此类僵化的认知会让人觉得合理和一时的安全，但其缺点是它把人限定在概念化内容之内而无法去获得以外的其他任何有用的信息与观点。

我们需要牢记为什么要使用观点采择。功能分析的一个目的是明确来访者的不足之处以及它如何干扰其价值行动。例如，如果一位来访者很难回到本人过去受创时的视角，并且因此无法理解当前自己的创伤表现，那么采取这些视角，鼓励其建立时间连续性可能会有帮助。另外，如果来访者只拘于自己的故事当中而难以向他人敞开心扉，那使其了解他人对自己的看法或许会有所裨益。

当然，重要的是要谨记，如上所述，真正的观点采择可能是痛苦的、令人不安的且会让人感到更加混乱。因此，这项工作一定要在安全的治疗关系中进行，痛苦情绪与想法的管理技能需要建立在先。

治疗师可以从三大方面来促进观点采择的灵活性，即与我 – 这里 – 现在（I–HERE–NOW）相关的人际、时间和空间。

人际的

人际观点采择使来访者能从他人视角看待问题。

如果你站在你儿子的角度看一下，当他冲出家门时，他在试图向你表达什么？

如果你的伴侣处在你的位置上，她正在经历你现在的一切，她会怎么做或怎么说？

如果你能从我的角度去审视你正在经历的痛苦，你想象一下我会说什么？

空间的

在这里，来访者被要求转换视角或他们在空间中所观看的事物。

闭上眼睛，想象你的焦虑跳出了你的身体，悬停在你面前一英尺的空中。当你看着它的时候，你注意到了什么？

如果我们现在要表演一下平时发生的事情——那么，房间的一边是我已经在纸上写下的“痛苦的想法和感受”，另一边是“照顾我的孩子”。现在，当你开始往前走时，通常你会被拉去哪一边？

时间的

利用时间的观点采择，治疗师可以带领来访者将视角穿越至过去或未来。

看看你是否能回到两周前，那时的你希望现在的你持怎样的态度？

两年后作为父母的你会怎么评价现在这个时候的生活？你会给自己什么建议？

有时候，三者结合一起运用会更有帮助。

如果你愿意，请在房间对面坐下。现在想象一下，你正在回望10岁的自己，当时的你很自责。你观察到了什么？你从你的身体姿势中看到了什么？你从你的反应中注意了什么？

请记住每一类观点采择的转换同样也只是一种工具，只有加深对问题的理解才能确定哪种工具更适合。

53

接纳技术

接纳是一个容易让人迷惑的词，在一般人看来它听着像是顺从或忍受的意思。因此，在此阶段我们需要达成共识。这让人感觉有点像拼图游戏，因为当第一块拼图摆在来访者面前时，他可能会误以为是别的什么东西（“啊哈！我可以使用的另一种控制策略”）。然而，渐渐地，一些复杂且丰富的画面便会浮现出来。

接纳技术被描述为主动的选择应该更加贴切，这与被动的认命截然不同。因为接纳是持续的行动，而非一种感受。而且这项技术还需要与有效性联系起来，以突显经验性回避如何短期有效长则必失的特点。实物练习和隐喻如“与怪兽拔河”或“中国指套”（见第54个关键点、第55个关键点）可以很好地传达这些概念。

我们可以引入“纯净的痛苦”（clean pain）与“污染的痛苦”（dirty pain）两个概念去帮助来访者更有效地辨别何时适用接纳。“纯净的痛苦”在生活中是不可避免的，它来自丧失、失望，以及作为一个有所关爱的人所引发的痛苦。污染的痛苦指的是对前者所作出的判断和评价带来的附加痛苦，如“这太过分了”“我无法应对”或“这意味着我变坏了/怪异/不好”。这些评判会导致羞愧、内疚、愤怒或悲伤，这些都会堆积在纯净的痛苦之上。在纸上把这些画出来（“纯净的痛苦”被“污染的痛苦”所包围），并向来访者明示接纳技术针对的是中心的那一块，它可以被描述为一个进入美好生活的入场券。

在运用接纳技术时，宜穿插一些解离的方法以帮助来访者观察自己头脑的活动，以免纠结其中。通常转向痛苦的感受会引发上述想法而导致污染的痛苦。因此在进行接纳工作时，既要帮助来访者注意到自己头脑的活动，又要引导来访者从解离而非融合的角度做出选择。有时帮助来访者注意到自己的思维并使之正常化就足够了。其他时候可以进行一些结构化的练习（见第56个关键点）。

情绪总是会或多或少地影响到来访者。当挣扎看似是唯一的选择时，信息便会有可能被忽略。将情绪和价值方向结合在一起提问可以有效促进接纳。用RFT的术语来说，治疗师要努力减少对立框架，而在情绪和价值方向之间引入协调框架。这时可以进行如下提问：“你现在感受到的这种悲伤，对你生命中最重要的事情有什么启示？”也可以用“纸的两面”练习来更直观地表达这一观点（见第58个关键点）。

54

“拔河”练习

“拔河”练习是个隐喻，很适合与来访者一起进行实际操作。它旨在强调与想法和感受缠斗可能会事与愿违，不但纠结更深，且要付出更多的生活代价。此练习表明接纳能够促进价值行动，是可行的选择。练习中治疗师需要一根绳子作为拔河道具。

治疗师：想象一下，你内心所做的挣扎就像是在和一个强大的丑陋的怪物拔河。现在增加一点戏剧性，这可是一场生死攸关的拔河比赛（*如果使用“生死攸关”一词会引起无益的反应，请根据需要进行修改*）！在你和怪物之间，是一个无底洞。在这个练习中，我假装是你所有的忧虑、恐惧和不想要的想法（*向来访者表达明确*）。

（*治疗师和来访者一起把这些东西写在贴纸上，然后贴在自己身上。*）

治疗师：好，我在这里，你的担心/悲伤/愤怒的怪物就在你面前，拿着一根绳子，我想和你玩拔河比赛。

[*治疗师把绳子的另一端递给来访者。*]

治疗师：在这种情况下，你一般会自动怎么做？

来访者：我会拉绳子！

治疗师：好，那就开始吧。

（*当来访者拉的时候，治疗师也同样往后拉。*）

治疗师：现在，你注意到了什么？

来访者：每次我拉的时候，你就往回拉。

治疗师：对。我们大概会如此僵持着而没有任何进展。有没有其他办法？

来访者：我可以拉得更用力。

治疗师：好，那就试试吧。但别忘了这个怪物很强壮。

（*来访者用力拉，治疗师配合。*）

治疗师：你注意到拉得更用力会怎样？

来访者：这很累……

治疗师：是。那么有其他选择吗？

来访者：我想我可以放下绳子。（*这是在玩拔河游戏时一个反直觉的动作，所以来访者可能自己不会想到这一点。如果需要，治疗师可以提示来访者考虑这个策略。*）

治疗师：好，那就放下。当然，请注意我还在这里，提醒着你想忘记的一切。放下绳子之后，你注意到了什么？

来访者：好吧，我没有在和你较劲。

治疗师：没错。请注意你现在可以更自由地行动了。你可以专注于其他事情，而不是仅仅盯着怪物了。

（*说话的同时，治疗师轻轻甩动绳子——如果有必要的话，多甩动几次，直到来访者再次拿起绳子。治疗师再次开始拔河比赛。*）

治疗师：啊，我们又开始了。很好！

来访者：好奇怪！我想都没想。

治疗师：是啊，我没有让你去接绳子。注意，重新开始挣扎是多么容易啊。所以，我在此总结一下。首先，玩这个游戏是非常有意义的。怪物喜欢它，至少在短期内，它感觉很有成效。但从长远来看，你会陷入一场耗费时间和精力的斗争中。请注意，总会有其他选择的，如丢掉绳子。哪种选择能让你有更大的空间来真正选择你想做的事情呢？当你能更加有意识地觉察到何时自己会拿起绳子挣扎，那将是一个很好的开端。

55

“中国指套”练习

中国指套原本是作为一种有趣的儿童玩具设计的，却意外地成了接纳的一个奇妙的隐喻。玩具本身是由竹片或尼龙编织而成的小管。手指一旦插入其中，再想试图拉出，管子就会收紧使手指不能挣脱。这个通常可以从网上买到。此隐喻会让人对接纳有一个直观的感受和理解。它依赖于直接经验，以一种具体的方式使自己变得生动，并以此淡化了焦虑的一些衍生功能。

你可以在下面的对话中见识到这个隐喻。

治疗师：我这里有一个被称为“中国指套”的东西。你以前见过吗？

来访者：没有，那是什么？

治疗师：哦，这是一个儿童玩具，但我想用它来强调一些重要的东西，关于你如何看待你的焦虑。

来访者：好的，继续。

治疗师：把你的两根食指插进指套的两端，像我这样。想象这和你发现自己的焦虑模式一样。当你注意到手指周围的指套收紧，就像有时候焦虑引起的感受一样，你不由得特别想去做什么？

来访者：我想把手指拉出来（来访者试图拉出手指）。啊，我的手指卡得更紧了！

治疗师：当你注意到自己的手指被卡住时，你的心开始有点慌乱，在这种情况下，接下来任何人都会做出的一个正常的、完全合理的反应是什么？

来访者：更加用力地向外拉！

治疗师：的确是，谁都会这样。当你这么做的时候，注意你的手指会被卡得更紧。这完全是无意的，你只是在做任何人都会做的事。

来访者：嗯，我明白了。这很像我焦虑发生时的情况。

治疗师：所以，让我们想一个替代方案，或许是反直觉的什么东西。

来访者：嗯，那就是把我的手指再往里推 [*来访者把手指推入指套*]。咦，这太有意思了，指套松了。

治疗师：是的。所以，当你行为冲动时，请注意会发生什么。突然间你会发现手指与指套间空隙多了，使手指有了更大的活动余地。尽管你的手指仍然与指套有接触，但感觉会完全不同。

来访者：是的，我想我同意你的观点。

治疗师：很好，所以我想说的是找到与你的焦虑相处的方法，这样你就可以有效地做出反应。不是以自动导航模式或按照你的头脑告诉的那样去做，而是有意识地让自己慢下来，看看焦虑到底是什么样，然后为下一步行动做好充分准备。

来访者：好的，这真的很有意思。我以前从来没有这样想过。那我接下来该做什么呢？

来访者最后一句话很常见，说明好奇心已经被激发出来了。关于下一步该怎么做的问题，治疗师需要谨慎处理，因为此时来访者真正感兴趣的是如何将隐喻中如此有用的想法付诸实施。这可能是想试图找出如何利用这个想法来消除焦虑的问题解决模式！

56

解离技术

像任何其他好的技术一样，在来访者与其主要问题之间进行概念化时应用解离最好。治疗师致力于引导来访者充分理解其特定的想法和信念的内在功能。这意味着无论是厌恶功能（如依据价值方向来看一个想法不可行的程度）还是欲望功能（如一个想法如何提供舒适、安全或一致性）均能得到很好的解释，使来访者和治疗师达成共识。那么，当治疗师开始进行解离工作时，来访者就会感到信心十足，相信治疗师会尽可能地理解他们，不会把他们推向极限。如在二者未达成牢靠共识的情况下使用解离技术，有可能导致来访者体验无效，因为忽略了来访者与其想法之间的复杂关系。

为了有效应用解离技术，在设置上有如下步骤。首先，最好从植入思维自动化的概念开始（见第 18 个关键点）。这有助于来访者去认识他们对自己思维的真正控制程度。我们经常大大高估自己的控制力，无法区分出现在意识中的自动的想法与针对这些想法而进行的思考过程，比如担心或思维反刍。“不要去想大白熊或粉红象”的实验极好地说明了这一点。

你或许想提供一些有关人类思维起源的更广泛的进化背景，以表明早期的语言进化环境是极有利于我们那些有忧虑和思维反刍倾向的祖先的。也就是说，消极思维并非功能失调，而是为了适应环境进化出来的。这就点明了想法的内容不是问题，人与想法的关系才是主要问题。

由于社会倾向于强调目标和结果，所以我们自然会更关注想法是否真实（见第

31 个关键点）。然而，部分解离工作将重点设置在可行性上，而非真实性上，因为通常情况下，造成融合的不是真实与否，而是其他功能，如协调一致性或安全性。这意味着，为了评估想法有用性，我们需要一个价值语境。相比于问：“你的想法是真的吗？”我们从 ACT 角度会问：“当你被自己的想法困扰时，这如何帮助你朝向重要的事物？”因此，要想成功应用解离技术，我们还需要做一些有关价值方向的工作。

最后，了解一下导致来访者与想法高度融合的环境在多数情况下是至关重要的。这通常意味着需要探索来访者早期的发展经历或生活中的拐点或创伤。这有助于来访者和治疗师理解为什么某些想法对他们有如此大的影响。我们经常使用钓鱼的隐喻，即为了知道为什么某些鱼会被特定的渔线钩住，我们需要知道为什么某些类型的鱼饵如此不可抗拒。这相对于我们与想法的关系来说也是一样的。

57

“我有这样一个想法……”

“我有这样一个想法……”是一个很实用的技术，它既能解离想法，又能促进来访者对想法的有益反应。在练习中，治疗师在白板或纸上写下各种无益的想法。在练习的最初说明部分，最好避开来访者纠结的最痛苦或最困难的想法。相反，从来访者可能会涉及的例子开始，尽管大多数人可能也会有这样的想法：

- 这一切都会大错特错
- 我犯了一个愚蠢的错误
- 我是个白痴
- 人们不喜欢我

请来访者把清单读上几遍，加入赋予想法某种真实性的感受，如运用严肃沉重的或扎心的语气。请来访者思考哪些感受最能代表他们的融合。

然后请来访者再把清单读几遍，这次在每句话前面加上“我有这样一个想法……”。例如，“我有这样一个想法，这一切都会大错特错。”

最后，在每句话前再加上一句“我注意到……”，形成一个句子，如“我注意到我有这样一个想法，这一切都会大错特错”。再请来访者把每个句子静静地读几遍。

然后请来访者就他们在每次反复练习中注意到和观察到的内容提供反馈。通过围绕每个想法增加几层言语语境，新的功能就会出现。最常见的是，来访者会反馈与距离、好奇心和选择相关的功能变得更为突出，而紧迫性、威胁性和重要性往往会被淡化。

鼓励来访者注意自己和想法之间的隐喻性空间水平。同时，强调自动增强的选择感。如果来访者发现这个练习很有用，并且体验到了如上所述的某种程度的解离，那么通常情况下，便可以对来访者特别容易纠缠的想法进行上述过程的尝试了。同任何练习一样，重要的是要尊重来访者的想法，并澄清我们的目的不是嘲笑一个想法，而是寻找其他可能更有用的观点。最后，与来访者一起思考如何在治疗之外转化这一经验往往是很有帮助的。这通常是指思考在哪些情况下适合使用这种技术以及来访者以何种方式提醒自己（例如，使用手机提醒或卡片提醒）。

58

外化练习

“外化”指的是一套赋予内部心理过程物理性质的技术。例如，将一个想法写在纸上，使心理过程呈现于物理世界，又或者用物理特征来描述它们。虽然这项技术可能大多被应用于解离和接纳过程，但是富有创造力的治疗师也可以找到很多方法去外化ACT中的任何概念。其中较好的例子包括表演“公交车上的乘客”的隐喻、“行走生命线”练习（见第68、第69个关键点），以及实体隐喻的使用，如中国指套（见第55个关键点）。

便签簿是ACT治疗师最好的朋友之一，因为我们可以把它非常灵活地用于一系列练习中。其中通常所说的“纸的两面”的练习就是这方面一个很好的例子。首先请来访者在便签纸的一面写下一个困难的想法［和（或）相关的情绪］。然后作为对ACT格言（“在痛苦中找到价值，在价值中发现痛苦”）物化的一种方式，请他再将便签翻过来，写下他所拥有的可以解释痛苦存在的价值。例如，作为ACT培训师，我们两个都会经常地在培训前经历焦虑。在便签纸上可以用这样一个想法来概括这一点：“如果没有人学到有用的东西怎么办？”或者用“焦虑”这种情绪也可以。在纸的另一面，我们可以写下价值：“教育”，害怕人们学不到有用的东西只是我们的一种担忧，因为我们真正关心的是他们在我们提供的培训中是否受到教育。

这样写下来，有很多好处，可以协调痛苦和价值，明确两者之间的关系。焦虑是一个信号，表明有一些事情是来访者真正关心的。一旦他意识到这样做必然远离了价值，其逃避痛苦的欲望往往会降低。另外，由于纸的两面是不能彼此剥离的，这说明了价值和痛苦也是分不开的，无论我们多么希望在不经历任何痛苦的情况下拥有价值。

用纸的两面建立了价值与痛苦的协调关系后，物化可以延伸至不同的方向。可以让来访者和困难的想法保持一手臂的距离，然后用力把它向外推，就像在模拟经验性回避，请来访者观察他这样做时注意到了什么。我们也可以让来访者通过将纸放在眼前来模拟融合，再次请他注意这对自己的想法或感受都有什么影响。关于这个练习一个有趣的延伸，是在来访者面前放一个垃圾桶，然后请他通过撕碎便签纸并丢进垃圾桶来隐喻式地结束自己的痛苦。失去痛苦的唯一代价是他也将不得不失去价值，因为它在纸的另一面。治疗师可以询问来访者是否愿意这样做，然后和他一起探讨做此决定的原因。虽然这个练习经常会促使人们更多地接纳痛苦，但它也让一些来访者看到自己可能过于教条地追求某些价值。例如，如果工作面试带来的焦虑是为了真正的个人和职业发展，我们可能会更愿意接受这份焦虑。同样，我们也可能会认为，为了事业的进一步发展，我们根本不值得去为参加面试而感到焦虑和不确定。如前所述，ACT是关于灵活性和功能性的选择，而非对价值的执着追求。

59

价值澄清技术

有关价值的工作有可能将万花筒般的情感完全展现出来，因为来访者以全新的、富有创造力的方式投入生活，从中找到了活力、目标和意义。因此，他们就像坐过山车一样既兴奋又害怕。

询问生命中最重要的是什么，有可能会为伤害、丧失和脆弱打开闸门。因此，重要的是要认识到，治疗师在价值阶段出色的工作表现是伴随着情感温度的。我们需要小心翼翼慢慢前行，多花时间在这上面。在来访者经历了相当多的阻碍的情况下，首先培养其正念、接纳和解离技能是很重要的。

这便涉及技能培养的先后顺序问题。在来访者卡顿不那么明显的情况下，通常宜在第一次治疗中提出有关价值问题。如来访者卡顿得相当严重，或者有明显的自我意识方面的问题，那么最好在之后的治疗中，当来访者有能力合理地回答关于谁或什么重要这个问题时再进行具体价值的提问。尽管如此，明确广泛的价值方向还是很有帮助的，因为我们可以此评估行动的有效性。这一般包括采取有利于健康的措施，或者塑造更多功能性选择的能力以应对某些想法和感受，同时也接受以后再去确定具体的价值和行动。

指南针的隐喻是个很有用的方法，它使人对价值的探寻变得生动。检索价值就像使用指南针，因为它可以告诉我们此时此地在一特定方向上能采取什么样的步骤和行动。和价值一样，指南针并不指出目的地，只是指向一个方向。它有可能朝向西方，但从未到达过西方。另外，它也像价值一样，可以帮助我们设法应对阻碍。

所以，虽然方向可能是向西，但完全可以向北甚至向东走，以绕过障碍物，这一切都是为了最终再次西行。指南针给出了当下可采取的行动的具体建议。这些行动不在将来，也并不遥远。最后，有时朝某个方向前进可能会遭遇危险地带，比如沼泽。穿越沼泽地很难，而且需要耗费大量精力，而你的指南针可以提醒你为什么要穿过沼泽地并赋予其意义和目的。

最后一点，谈谈价值与痛苦之间的深层内在联系。在做价值阶段的工作时，与来访者确认此概念是至关重要的。例如，在将深切关怀一个人时的脆弱与亲密关系的价值联系起来时，脆弱就会从必须消除的东西转变为朝向价值行动的标志。

60

“十大高光时刻”练习

“十大高光时刻”（Top Ten Moments）练习可以作为一种激发人们价值和价值行动的方法。它有助于人们识别并优先考虑自己的主要价值方向。练习的整体结构是要求来访者把一些对他们来说重要的事情列出来，然后再将其精简到只剩下最重要的。

因为此练习有潜在的激发作用，所以通常不在第一次治疗中使用。最好是先让来访者培养一些开放的、觉察的技能，并提醒其将正念的意识带入之后的练习中，以便注意到勾住自己的想法和感受都有哪些。说明如下：

现在请花几分钟时间写下你生活中践行自己价值的10个瞬间（*清单可以作为家庭作业来完成*）。它们可以是大事件，如人生成就或逆旅重生，也可以只是安宁闲适的宝贵时光，还可以是苦乐参半的艰难时刻，期间让你尝尽辛酸与苦痛。

我不会要求你和我分享这些细节。尽量不要纠结它们是否正确或者坚持要提供“准确”的答案。现在只要跟着你的直觉走就可以了。这个练习并不是对那些你觉得重要的事情下定论。它更多反映了现在的情况。

［*来访者整理出清单后*］好，现在我要请你想象一场灾难发生了，比如车祸或疾病，甚至一块来自太空的陨石呼啸而至。你出事了，以至于再也想不起来清单上其中四项的内容。所以你永远失去了它们。请拿起笔，划掉四项。或者，如果你不想划掉的话，也可以在那些你愿意选择保留的条目旁边打上一颗星。

当你这样做的时候，请记住答案不分对错，并正念对待出现的想法和感受。

既然刚刚你做到了，那另一场灾难又发生了！这一次，又有三项被剔除，你的清单只剩最后三项了。一旦你选好哪三项被保留，就请花点时间反思一下划掉各个条目的过程、因此产生的情绪，以及剩下的条目对你来说有什么重要意义。想想在过去的几周里，你何时采取了利于价值的行动。最后，如果从现在到我们下一次治疗之间，你要采取一项符合这些条目的具体行动，这个行动会是什么呢？

当然，值得肯定的是这个练习并不是说有价值的人生只是由少数事件凝缩而成的。其目的是想用排除法来衬亮生活中那些真正存在目标的领域。也可能是因为它强调了许多重要的事情，这便使人必须对价值行动进行优先排序和做出选择，第 88 个关键点将就最后一点做进一步介绍。

61

其他形式的“奇迹问句”

引导来访者说出其价值方向是很难的，相关提问得到的回答往往都是“我不知道”。有时，来访者表达很真实，他确实不知道什么对自己才是真正重要的。也许生活还没有给他机会去积累经验，让他能够合理地描述自己的价值方向。更常见的是，“我不知道”这个回答反映了在来访者的头脑中关于是否采取行动出现了障碍，甚至包括有关价值的谈论也是如此。在这种情况下，创造性地使用奇迹问句（miracle question）来绕开在进行价值工作时出现的内部障碍是很有帮助的。“焦点解决疗法”中经常用到的奇迹问句的标准版本是请来访者想象发生了一个奇迹，即他的问题被消除了。这个奇迹发生在他未察觉的某个晚上，这时请来访者思考他是怎么开始注意到奇迹的发生的。以下是一些我们最喜欢的其他形式的“奇迹问句”，旨在引导来访者的价值方向。

假设奇迹发生了，无论你做什么，人们都会给你绝对的认可。你可以找到治疗癌症的方法，也可以把猫扔进垃圾桶，这都绝对没有问题。无论你做什么，你都可以享受人们温柔的赞许。那么你会发现自己在做什么样的事情呢？

想象一下，你今晚睡觉时，半夜一道大闪电正中你的头部，奇迹发生了，当第二天醒来时，你的焦虑／抑郁／担忧发生了变化，它就像一个被去掉了爪子和獠牙的怪物一样不再对你产生影响。没有什么能阻止你。你可以做任何你想做的事。那么你会做什么？

僵尸天启灾难终于来了，正如你知道它会来。人类被逼到了绝境，而你作为唯一的幸存者出现在了另一极。你已经设法准备好了生存的必需条件：有了安全的住所，找到了可供食用多年的烤豆，想出了应对僵尸威胁的办法。现在地球上已经没有人再来评价你的所作所为、批评你或者说一些话来牵制你了。那么你会做些什么去创造一种有意义的生活？

这些问题的提出意在使来访者建立一个新的视角去看待价值和有价值的行动。此视角反映出，虽然内部障碍依旧存在，但它与之前相比不会再阻碍有价值的行动。之后，我们可以就价值行动的具体细节再做深入讨论。问题如下：

- 你会做哪些新的事情？
- 你可能会多做或少做什么？
- 你会如何对待他人？
- 你会如何对待自己？
- 如果你采取行动，你将不得不为哪些事情腾出空间？你将不得不放弃什么？
- 如果你现在采取行动，对你的过去会有什么影响？对你的将来会有什么影响？

62

承诺行动技术

只有在使用承诺行动技术时才标志着治疗真正的开始。为采取承诺行动创造契机去实现有价值的目标，这样便有机会对正念、接纳和解离技术进行检验。真正的承诺行动需要明确的价值方向，因为它将决定来访者走向何方。同时，启动 ACT 的其他过程来处理来访者开始做出改变时自然产生的内部阻碍，如不想要的感受、失败的想法和无益的自我故事。

使用承诺行动技术有几个关键步骤。需要注意的是，这些步骤不是一定要按顺序进行，尽管直觉上有些可能需要先于其他（比如在设定基于价值的目标之前，先明确价值方向）。

第一步可能是设定基于价值的目标和行动。所以我们往往需要为此在价值上下点功夫，使目标变得SMART［具体的（specific）、有意义的（meaningful）、合适的（adaptive）、现实的（realistic）、有时限的（time framed）］。因此，例如，一个为人父母的有社交焦虑的来访者，可能会明确表示把“做有支持力的父母”作为一个价值方向，由此产生的目标可以是每周至少带女儿出去参加一次体育活动。接下来具体的行动可以是打电话给当地的足球队，了解如何使她加入球队的细节。

第二步是引入心理灵活性技能。当来访者真正走出自己的舒适区并采取承诺行动时，其内部阻碍就会出现，某些阻止行动的习惯性反应（例如经验性回避、融合）也会随之而来。这意味着，当来访者开始行动时，一些潜在阻碍便会浮出水面，重要的是要通过练习正念、接纳和解离技术以对其进行管理。在承诺行动中，关键是来访者要提醒自己为什么要采取行动，并将其与自己的价值方向联系起来。从上面的例子来看，当来访者给足球队打电话的时候，社交焦虑急剧上升，这时一个简单的提醒，即这么做是为了“做有支持力的父母”，会帮助来访者坚持做下去。

最后一步是与来访者一起创造机会来采取实际的承诺行动。这可能包括安排一周内的家庭作业。我们提倡小步前进，先从易于实现的事情做起，在早期得到正性强化以激发动力。重要的是要认识到，即使是谈论价值和行动，也往往代表着从舒适区走出了一步（将所有相关的想法和感受推到了前面），这也给了来访者采取承诺行动的机会。治疗师可以问来访者是否愿意为了一个重要的价值而以正念之心与那些经验共处。在此框架下，承诺行动为来访者练习各种技能提供了机会，使其以一种正念、接纳和解离的方式真正地走入未知。这意味着在承诺行动中，不可能有失败；其重在过程，而非结果。

最后，帮助来访者在采取承诺行动时建立自我关怀的方式是很有助益的。当尝试新的或具挑战性的行为时，为了安全起见，曾经有用的头脑会自然而然地借机对它们进行批评或破坏。然而温暖、支持的立场总是更可行。治疗师可以树立榜样并请来访者自己去实践。

63

“价值、目标和行动”的练习

本关键点内容援引弗拉克斯曼等人（Flaxman, Bond, & Livheim, 2013）关于在工作场所使用 ACT 一书的工作表。该练习涉及引导来访者增加价值驱动行为的频率，明确说明为了朝向价值所要采取的步骤，以及在此过程中可能出现的各种内部阻碍。这是一种特别有用的方法，可以在两次治疗之间给来访者安排需要执行的实际任务。

与许多其他心理疗法一样，在治疗之外进行实践的来访者的信念也是ACT的核心。心理学家阿尔伯特·埃利斯曾经提出过一个设问：“你怎样才能走上卡内基音乐厅舞台？”他的回答是：“练习、练习、练习！”我们完全赞同这个观点，因为如果来访者没有准备好将获得的所有深刻领悟转化为实际的行为改变，那么在治疗中他仅能取得些许成效。除非最终来访者开始在日常生活中以不同方式脚踏实地地去实践，否则，相对来说，进行ACT干预对他没什么意义。

这个练习假设已经进行了一些价值工作，并且确定了相关生活领域（如工作、爱情、娱乐或健康）的某些价值方向。这里有五个阶段：

① **确定一项价值**：确定来访者希望带入生活中某一特定领域的一项价值。例如，为健康和身形矫健而积极投入。

② **明确目标**：指定一个或多个目标，以详细说明如何以一种可明确衡量的方式体现价值并确保这些目标是现实可行的。规定一个时限，以助于激发动力和明确期望，还可设定一系列的短期、中期和长期目标。如短期目标可以是：“我将在未来一

周内和朋友去跑两次5千米。”

③ **采取行动**：为了实现目标，需要采取一些具体行动。为达到上面的短期目标，某人需要联系朋友，确定他们计划腾出来跑步的时间，规划路线，并确保跑步装备就位。

④ **识别阻碍**：通常朝我们价值方向上迈出一步并不容易，我们的头脑往往会提出各种反对意见或理由去解释为什么不能采取行动。这步的任务是提前识别这些内部阻碍，使来访者做好准备以对此进行有效管理。来访者之前已经学会了一系列技术，如接纳和解离，可以用来管理任何此类想法、感受或冲动。这里需要注意的是，我们中的许多人都会认为阻碍来自外界，但实际上，它们是看似外部阻碍的内部阻碍。例如：“我不能去跑步，因为下雨了”，其实是在表达对被淋湿的想法的内部不适。

⑤ **回顾进度**：一旦来访者试着努力去实现目标，就应该留出时间来检查他的进度，包括可能难以实现目标的任何原因。

64

暴露和抑制性学习

有计划地暴露在恐惧或以前回避过的环境下，是行为疗法中最广泛使用的心理干预手段之一。其有效性证据非常充分，而且它鼓励来访者朝着其选择的价值方向“前进”来扩大其行为范围，从这一点来说它与ACT一致。

传统上，暴露作为行为疗法的一种技术，是以适应性为基本原理得以实施的。也就是说，反复暴露在一个令人恐惧的事件中，会系统性地减少与面对该事件相关的不适（通常为焦虑）。然而ACT治疗师通常会持不同的观点，因为减少不适感并不是ACT模式中的一个关键点。越来越多的证据表明，适应性可能并不总是暴露干预中发生改变的核心机制。例如：我们发现，即使来访者在治疗中没有体验到痛苦的减少，暴露仍能有效地拓展他的行为范围（Craske，Treanor，Conway，Zbozinek，& Vervliet，2014）。另一种解释为抑制性学习模型，其中假设在暴露过程中人们学习到一种与以前回避过的刺激之间的新联结方式，这种新的学习方式抑制了原有的学习结果（其中可能包括一些行为习惯，如必须回避这种刺激而产生反复“远离”模式）。从此模型的角度来看，暴露疗法的目的不仅仅是减少不适或痛苦，而是最大限度地利用新的学习方式。

考虑到心理灵活性的关键原则以及抑制性学习模型，莫里斯（Morris，2017）总结了一些建议，可为ACT治疗师使用暴露提供一些参考：

① 确保暴露练习与来访者至关重要的事情具有层级关系，对行动有价值驱动作用（如将活动视为价值行动的一部分）。

② 将接纳不适感作为暴露练习的核心，注意对不适的体验，无论是在治疗中还是治疗外都不要试图去消除它们。

③ 培养以价值为导向的承诺，将充分接触不适作为开放体验的一部分（例如，体验这种不适是为了服务于对我真正重要的事情）。

④ 在练习中促进与当下的接触，例如，鼓励在不适的内部经验发生时对其进行描述和标记，而不是避免去关注它们。

⑤ 鼓励来访者对暴露过程中所学习的东西保持好奇心，同时摒弃关于早有预设好的“正确”结果的想法。

⑥ 在没有出现任何习惯性的或隐或现的回避行为或安全行为（如习惯）的情况下进行暴露练习，因为那些往往会干扰学习。

⑦ 以可变的方法（而不是“分级暴露”的层级）作为结构性练习的手段，从而在练习所带来的挑战方面引入更多的可变性。这基于这样一个理念：期待与实际越不匹配，我们的学习动力就会越强。结构化或层级化练习与这种“期望相悖”相抵触。

⑧ 表达对暴露练习的承诺和意愿，在不试图控制或回避任何内部经验的情况下改变其引起的不适强度。

⑨ 扩大暴露练习的不同语境范围，这样，任何新的学习都不会局限于某一特定情境下。

另外提示一点，我们可以认为ACT中所有练习都包含了暴露的元素，甚至仅仅是谈论困难的想法或感受亦是如此。因此，我们鼓励治疗师在实践的各个领域都要注意上述原则。

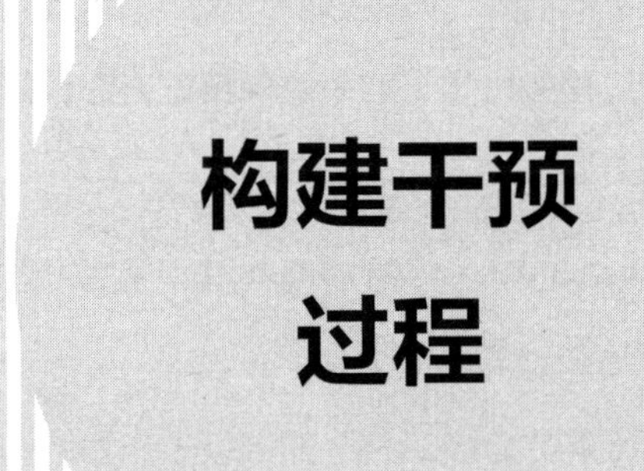

构建干预过程

65

安排治疗流程

关于ACT在多大程度上属于具有明确步骤的结构化干预措施，每个ACT治疗师会有各自不同的看法。我们可能会看到行内的异见之多不亚于ACT与其他疗法之间的差异。其中的问题是ACT适用于各种不同的语境，而这些语境需要不同的展开模式。第77个关键点更详细地探讨了将ACT干预解释为过程驱动或流程驱动的问题，而本关键点则邀请大家思考如何构建ACT干预这一更普遍的问题。

当被问及如何构建一个像ACT这样具有内在灵活性的模型时，我们很容易默认标准的功能语境主义式的回答：“视情况而定！”……然而，这可能不是最有帮助的答案。相反，本关键点将列出一个宽松的整体架构，希望能提出一个大方向，每个治疗师可以循此方向选择自己的特定路线。

① **评估**：同任何心理干预一样，我们需要花时间对来访者状况及状况发生的语境进行一些评估，诸如卡住的部位、来访者参与的意愿以及是否适合给予连续的ACT干预都需要仔细考虑。第40个关键点就评估问题做了更细致的论述。

② **案例概念化**（case conceptualization）：一些ACT模型如灵活六边形或矩阵均有助于从ACT的角度理解来访者当前状况（见第43～46个关键点）。最好以开放、合作的方式进行，以便达成共识。此过程可以是书面的、结构化的，也可以是口头讨论的，这取决于来访者和治疗师的喜好和需求。

③ **创造性无望**：花时间帮助来访者看到他之前为解决意识到的问题所做的努力并不奏效，换一种方法或许会更好。探讨其所做过的尝试，并确定迄今为止什么有用、

什么没用（详见41个关键点）。

④ **确立价值方向**：确定来访者希望在生活中的哪些领域进行努力，以及在这些领域哪些价值是重要的。明确价值驱动的工作目标。

⑤ **鼓励探寻取代挣扎的方法**：探索放弃“控制”策略的好处，以处理在试图走向价值导向的生活时出现的困难想法和感受。促进关于接纳和意愿的技能发展。

⑥ **促进承诺的价值行动**：确定价值驱动的行动并给出行动执行的承诺，练习技能，以灵活应对出现的内部阻碍。这将涉及接纳、解离和正念方面的技能训练和练习。

⑦ **回顾**：定期检查和回顾在追求确定的价值和目标方面的进展情况。只要有帮助，步骤④至⑥可以经常特意重复。

66

构建每次治疗议程

ACT 是一种结构化的干预措施，因此每一次治疗过程都具有一定的框架也并不奇怪。其框架可来自多个方面。首先源于来访者的特定目标和需求，这将集中并引导干预形式。其次是在每次治疗开始时如何制订治疗计划。这通常包括一些治疗设置或讨论。提供框架结构是为了确保时间被有意义地用于朝向来访者的目标，而且还有助于工作的协作性，而不是完全由治疗师或来访者所主导。

当然，结构的繁简程度需要与来访者的需求相匹配，因此应该灵活调整。另外，在有些治疗中，我们需要忽略计划或结构的存在，这样就可以顾及当下出现的任何事情。但大致来说，ACT 治疗主要包括如下一些内容：

① 流程设置，商定治疗的内容和重点。

② 接触当下的简短练习，走出自动导航模式，为治疗设置一个觉察的语境。

③ 检查上次治疗结束时布置的所有任务或练习。

④ 回顾本周从自己的卡点或新的进步中取得的更多收获。

⑤ 技能练习（联系功能分析），包括：

- 解离与接纳的练习；
- 接触当下与以己为景的练习；
- 价值与承诺行动的练习。

⑥ 根据以上内容设置新的治疗外练习。

⑦ 对本次治疗进行反馈与反思。

在技能练习中，我们需要关注过程，也就是说，整个治疗不可能只针对六边形的某一个领域。例如，在讨论本周的价值行动时，难免会出现内部阻碍，这就需要进行解离和接纳。在做正念练习时，可能会触碰到艰难的自我故事，因而从价值的角度重新审视练习目的，将非常重要。ACT 的创始人之一史蒂文·海斯喜欢将其比作从香槟瓶拔出软木塞。要做到这一点，你需要分别对软木塞不同侧面施加压力，使它向上向外移动。对一侧用力只会在最初产生一些改变，但随后就会停止。心理灵活性是对六边形上多个不同的点施加“压力”而产生的，所有这些都有助于来访者卡点的松动。

67

总体隐喻的应用

总体隐喻（overarching metaphor）是一种贯穿整个干预过程的隐喻，即使不出现在每次治疗中，也会被多次提及。它有助于对问题或议题形成新的理解，并利于构建干预和技能发展。以一个比喻来说，此过程就像一个衣架，提供了整体的结构和轮廓。各个组成部分就是挂在衣架上的大衣和帽子。因为衣架是将所有这些部分连接在一起的核心，所以总体隐喻的作用是使新的理解更具连贯性和影响力，因此更有可能在各种情况下得到普遍应用。

如第 28 个关键点所述，隐喻有可能将大量的信息快速有效地从一个认知领悟良好的领域，转移到一个理解有限或认知狭窄的领域。这两个关系网络之间的协调，可以实现信息的传递。如果信息是通过直接经验学到的，例如在中国指套（第 55 个关键点）或拔河隐喻（第 54 个关键点）中，这一点会特别强大。这就增加了言语规则的功能被淡化的可能性，从而使直接经验的学习能够更加突出。

通常情况下，来访者与自己问题的关系有很长的强化历史，是极其成熟和反复打磨过的。对于不想去触碰的问题，来访者会以自动导航模式做出回避反应，这已然成为他们的第二天性。因此，一个隐喻的单次推介不太可能改变这种自动反应。然而，在不同语境和形式下的多次呈现，则会帮助来访者产生新的稳定持久的领悟。

所以，选择一个合适的隐喻来贯穿整个干预过程非常关键。它既适用于来访者的境况和知识背景，还能足够涵盖多个过程。这意味着这个隐喻除了能描述对价值行动的影响，还能描述与问题的纠结等情况。如是例子有“公交车上的乘客”和“行走生命线”隐喻，第 68 个关键点和第 69 个关键点分别对此进行了概述。由于两个隐喻都涉及六边形的多个部分，单靠口头描述不足以传达所有信息。因此，它们非常适合被演绎出来，以一种深刻的方式被带入生活之中。

68

“公交车上的乘客”练习

“公交车上的乘客”是一个综合性隐喻，它将ACT的所有过程元素整合在一起。此隐喻将我们描述为正在驾驶我们的“生命之车”，车上有各种各样的乘客，他们代表了我们的想法、感受、感觉和记忆。当我们作为司机对行进的方向做出选择时，乘客开始大声叫喊，哄骗或威胁我们继续走老路。通常，我们的反应是向乘客让步，让他们保持安静，又或者我们靠边停车与其争论并试图将他们从车上扔下去。当这样做的时候，我们就失去了自己重视的方向，有可能会困在一个地方或者迷路。另一种做法是带着这些乘客用心地朝着我们的选择前进。我们制作了一个此隐喻的动画作为口头描述的补充。你可以在YouTube上找到，名为“公交车上的乘客——接纳承诺疗法（ACT）隐喻”［Passengers on a bus-an Acceptance & Commitment Therapy（ACT）metaphor］。

这个隐喻代表了对乘客的另一种态度——正念的接纳与解离，用以保持对价值行动的关注。整个汽车作为所有经验的容器反映了以己为景的视角。因此，这很适合作为总体隐喻用于整个干预过程中。下面两个已公布的团体干预便引用了这个隐喻：正念和高效员工项目（The Mindful and Effective Employee Programme；Flaxman et al.，2013）与ACT关于精神病性问题康复项目（The ACT for Psychosis Recovery Program；O'Donoghue，Morris，Oliver，& Johns，2018）。

把隐喻的各个环节表演出来比只是进行口头或视觉的描述会更有影响力，尤其在团体活动中演绎会更加鲜活生动。表演时，一个参与者扮演司机，其他参与者扮演对司机毫无帮助的乘客，双方起了争执。司机被设定需要对此做出不同的反应，如让步、争辩和行随所愿。行随所愿的反应是指司机心甘情愿地带着乘客一起朝着自己看重的方向行进。在正式询问环节，团体的带领者可以询问参与者有关司机几种反应之间的差异，并在朝向价值的语境下勾勒出每一种反应的可行性。在某些情况下让步或争论是可行的，但通常对于采取有价值的行动来说则不然。这个比喻为探索参与者如何回应自己的乘客，以及此回应又如何作用于他们的价值行动打开了大门。在语境咨询网站（www.contextualconsulting.co.uk）上，可以在线获得这方面的视频演示和进一步的说明。

因为涉及动作和表演，这个比喻变得更加令人难忘。重要的是，一些前置的言语功能（例如，“乘客很可怕，如果我不按他们说的去做，我就会受伤”）会在很大程度上被冲淡，因此，直接的功能（“虽然乘客的声音越来越大，但当我转向价值的时候，我可以处理好，这是值得的”）将变得更加突出。

由于这是一个涉及多个过程的大型隐喻，如果使用多种演示形式则更有帮助。在上述团体项目中，隐喻被多次口头描述并以动画形式播放，在整个过程中至少被演示了两次。这样，来访者便可以熟悉所有不同的部分，并将其与自己的经验联系起来。

69

“行走生命线”练习

另一个结合了心理灵活性模型不同过程的练习是制作来访者当前状况的现实地图。尽管这可以被调整为桌面的或白板上的练习，但如果你有一些实际空间可以用来制图并绕图行走则是很有帮助的。我们倾向于让它尽可能的真实，因为来访者的反馈表明在地图上实际走动是此练习最有效的元素之一。[1]

这个练习旨在帮助来访者探索卡住的区域，即因内部阻碍而使来访者难以朝向价值行动的那部分。练习步骤如下：

① 请来访者描述一个当前的困难，并找出一个在此语境中感觉遥远或受挫的价值。花点时间对价值进行澄清并将其写在便签上，然后贴在来访者面前远处的墙上。在来访者所处的位置和其想要迈向的价值之间设置一条概念路径。

② 请来访者描述一下在他试图向价值迈进时出现的内部阻碍。随着对想法或感受的描述，将它们分别写在便签纸上，然后置于来访者和价值之间的地板上，意为路上的阻碍。

③ 请来访者走到这些阻碍前，询问他们当这些经验出现时会怎么做。然后请他们将所述行为写在另外一些便签纸上，放在地板相应的位置。注意这些行为是代表“朝向”还是“远离”价值，因为这决定便签是放在路尽头代表价值的的纸条更近的

---

[1] 本章援引戴维·吉兰德斯（David Gillanders）在英国一次培训活动中的演示，他提供的书面说明表示他自己是受到了托拜厄斯·伦德格伦（Tobias Lundgren）的启发。

地方还是更远的地方。

④ 让来访者站到他刚刚确定的行为反应旁边，请他描述一下接下来通常会有什么样的想法、感受或行为（比如：“我回避它，一开始感觉好得多，但最后我会感到内疚”）。重复此步骤，直到构建出一个详尽的困境地图。

⑤ 有些模式的出现是很常见的，比如反复偏离价值方向、逃避和惰性，或者由经验性回避驱动的周期性行为模式。不管是什么，都要来访者回到起始位置，和你一起实际地在这条路上走上几遍，提醒他们注意自己的反应在走向价值方面的可行性，并请来访者在当下进行一些反思。这样做有帮助吗？从长远来看结果会怎样？代价会是什么？站在这里看自己离价值有多远是什么感觉？

⑥ 再次回到起点，请来访者思考，如果要沿着自己的价值之路前进，他们需要对最初的阻碍做出怎样不同的反应（例如：“我可以带着想法一起向前”）来确保加强自己的接纳和承诺行动。

IOO KEY POINTS

接纳承诺疗法（ACT）：100 个关键点与技巧

Acceptance and Commitment Therapy:
100 Key Points and Techniques

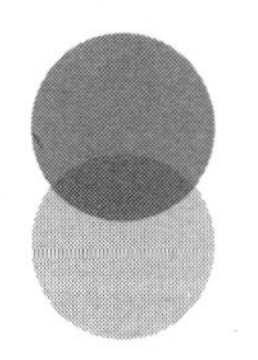

Part 3

第三部分

70

ACT 之“心”——语境、策略和过程

从理论和实践角度讨论了 ACT 之后，本书最后这部分将把重点放在我们自己实施干预的经验以及我们以 ACT 形式与来访者的经验相关的方法上。前两部分的内容选择相对简单，但考虑到读者的不同工作背景，以及繁复的个体内部与人和人之间的可变因素，这一部分会较为复杂。ACT 作为一种干预措施，其灵活性允许它可以有各种不同的应用形式，它对治疗师和来访者的影响方式也会千差万别。

在确定这部分内容时，我们借鉴了自己在ACT实践、培训和督导中的经验。有些内容的出现会相对频繁。我们在ACT所处的广泛的语境下将这些主题结合起来，即治疗师需要做出决定的策略问题以及实施心理干预时出现的一些动力性问题。

“语境下的 ACT”（ACT in context）指的是 ACT 在现代医疗服务和我们所处文化的大背景下采取的治疗立场。这与它的科学和哲学观点有关，但同样重要的是它也会影响到治疗师融入工作中的精神和态度。本书前面介绍的一些概念在“在实践中做决定”一节中被重新提及，其中将重点讨论在 ACT 框架内实施这些理念会如何影响治疗师的判断和情绪。最后一节“治疗过程中的问题”，讨论了 ACT 干预实施过程中存在的一些复杂的动力性问题，包括治疗师、来访者及其彼此之间互动的相关因素。

语境下的 ACT

71

人类的痛苦不是病

ACT是一种旨在满足人类心理需求的方法，特别是对于那些由于经历心理困扰而难以朝向自己的价值而去生活的人们。大多数心理学流派，其中也包括CBT，都采纳了身体健康领域的核心假设，即健康才是正常的。此假设在身体健康领域通常是很有效的。人类进化时会为了最大限度地增加生存和繁殖的机会而选择一个健康的身体，这是有道理的，尽管某些疾病会不时地干扰健康的正常状态。这些疾病在很大程度上被看作是不正常的，而医学就是观察它们的症状和体征，识别症候群，以期找到缓解或逆转其不良影响的治疗方法。

虽然健康常态化模式在身体健康的大多数领域都是有意义的，但当试图把心理困扰（如高度焦虑或情绪低落）等同于疾病来对待时，却出现了许多问题。首先，尽管经过多年研究，人类依然没有发现特异性的生物标记物用以确定任何一种特定精神障碍的诊断（Kupfer, First, & Regier, 2002）。简而言之，没有针对抑郁症或其他精神障碍的血液检测。其次，试图将心理表现按照所谓的障碍进行分类［如《精神障碍诊断与统计手册》（第5版）（DSM-5）；美国精神病学协会，2013］，其信度和效度方面都有颇多问题（Bentall,2003）。各种障碍之间的界限划分不清，有很大程度的重叠（通常被称为“共病”），一般的痛苦表现和所谓的病理表现之间的界限被任意定义。美国精神病学协会自己也承认，当前模式的局限性如此之大，如果我们要在理解人类心理痛苦方面取得真正的进展，可能需要发生重大的模式转变（Kupfer et al., 2002）。尽管把异常和疾病作为人类痛苦根源的策略相对来说没有取得多少成果，但诊断分类系统也并非毫无用处。我们也有理由断言，另外一种不同的模式或许更值得探索。

你知道有谁从来没有经历过焦虑、情绪低落或其他一些显著形式的情绪困扰吗？事实是，心理痛苦似乎是人类生活的基本内容，以至于把它看作是不正常的或类似于疾病的东西似乎是错误的。这是一个不同假设的出发点，也是 ACT 的核心，即语言和认知等一般人类过程本身就可以解释我们的大部分痛苦。这可以被称为破坏性常态假设（Hayes et al.，1999）。

72

人类基本需求

在最初的ACT教科书中，海斯等人（Hayes et al., 1999）引用了自杀的例子作为破坏性常态假设的证据。人类是迄今为止已知的唯一一个会故意自杀的物种，此现象在所有社会中均有报道。为什么它在人类文化中如此普遍，而在其他动物物种中却不存在呢？在人类内部有什么是其他物种所没有的呢？显见的结论是，在我们拥有明显的认知优势的同时也附带着一些不利因素。一些人类的基本心理过程有可能使我们遭受巨大的痛苦，以至于我们会采取极端的明显与我们的生存意志相悖的破坏性行为。只有与逃避无望感、无价值感或羞耻感等动机联系起来，我们才能开始理解自杀行为的功能。反言之，只有在与语言和衍生的关系反应相关时，这些动机才有意义。

那么，人类需要的是什么呢？一个人可能会与什么隔绝，以至于让他感到痛苦而考虑自杀呢？我们的观点是有些东西对维持我们的生命力不可或缺，这些东西可以被认为是人类的基本需求。我们并不建议对这些需求列一个明确详尽的清单，因为肯定会有不同意见，不过要达成一个广泛的共识也不是特别难以想象的。威尔森（Wilson, 2013）对此提出了一个观点，列举出以下条目，被其称为“人类必需”。

① 尽量减少接触毒素。

② 吃真正的食物。

③ 活动身体。

④ 有足够的休息和睡眠。

⑤ 从事有意义的活动。

⑥ 保持正念。

⑦ 参与社交网络。

同样，英国国民医疗服务体系（NHS，2016）也编制了“每日五条”的研究建议，以促进良好的心理健康和福祉。它包括：

① 人际联结。

② 保持活力。

③ 坚持学习。

④ 助人利他。

⑤ 保持正念。

这两份清单都很好，但现代生活节奏似乎使我们越来越难以达到这些要求。想象一下，与我们现今的许多人相比，在石器时代，一个生活在从事狩猎采集部落里的人更容易有规律地勾画这些清单上的条目。与这些事情脱节对我们来说都是无益的，与所追求的相关价值远离也是不好的。ACT 干预通常正是帮助人们与这些需求建立或重新建立连接。

73

我们的来访者不是“病”了，只是被卡住了

某些东西是我们心理健康的基本要素。从这一观点出发，我们认为当人们遇到困难或出现问题行为时，往往是因为失去了与这些基本要素的联系。这不是人类独有的现象。在成瘾研究中，有人观察到社交隔离的笼中老鼠，在有选择的情况下，会去喝掺有海洛因的水，而不选择普通的水。它会一直喝海洛因水，直到过量而死亡。如果同样的选择给到一只生活在有很多同伴的刺激环境中的老鼠，它就不会去碰海洛因水（Hari,2015）。它有它所需要的关系，当与其他老鼠建立了联结，便不会对海洛因有需求。当然，这个例子也同样适用于人类，因为社会隔离的削弱作用是众所周知的。单独监禁是惩教机构内的极端惩罚之一，就是因为它非常令人厌恶。如果不能满足人类对社会关系的需求，我们将会经常看到我们的福祉受到明显的影响和（或）我们将会做出有害的行为。

与我们幸福的基本需求失去联系，其本身并不是一种虚弱不适或疾病。这就是为什么ACT治疗师倾向于用“卡住了”（stuck）而不用“病了”（broken）来形容来访者。作为学习RFT的学生，我们认为我们所使用的语言中这种微妙的变化是非常重要的，对此你可能不会感到惊讶。在做出改变的语境中，“病了”与“修复”（fixed）处于一个关系网络中，而“卡住”则与“行动”（movement）关联更为密切。后者表明了对来访者现状和期望的发展方向的不同态度。事实上，我们将会进一步反驳“病了”和“修复”的概念，因为对心理困扰赋予疾病的观点，往往会使来访者通过试图努力修复它而陷入困境。正如本书前面所说，ACT支持这样的观点，即当你从这些角度思考时，“修复”的解决方案可能比原来的问

题本身更会成为一个问题。

想象某人感到情绪低落，在与别人交往时不断地想到自己毫无价值。如果这个人认为这些想法是自己病了的证据，一个解决方案便是退出社交活动，以期更少地体验这些想法。然而，这却是个陷阱，因为他让自己与人际互动所能提供的强化机会隔绝，如此社交退缩很可能会加深其情绪低落和自我批判性思维。而ACT则认为这个人是被卡住了，他需要做出不同的行为改变，而不是因为病了需要修复。

74

治疗立场

在阅读这部分前几个关键点的过程中，希望你对ACT看待来访者的立场、他们呈现的问题以及治疗师的工作方式已经有了一个整体的了解。人类在正常的语言和认知过程中是会遇到心理困扰的。ACT从根本上不会把这些看做是来访者病了或是不健全，而是认为他被卡住了，他需要一些技能来助其以不同的方式行动。我们可以通过促进技能的培养来帮助人们改变，使他们更具灵活应对挑战的能力。我们的来访者体验的任何想法和感受都不是敌人，相反，与它们的抗争才是有害的。因此，“抗争”才是改变的目标，而不是内部经验本身。

ACT实践中固有的态度立场还包括其他重要的方面。ACT是一种人类功能的模型，对此，我们前面检验过，也包括你们读者在内。它不是关于“我们和他们”的哲学，如果你读这本书是为了能坐在治疗室的专家椅上，我们会劝你退后一步。重要的是，不要忘记在经历语言和认知的所有代价和收益时，我们与来访者是处在同一条船上的。导致来访者陷入困境的过程同样也会致使我们陷入困境。这就是为什么在ACT培训和督导中通常会有大量体验成分的原因之一。这样治疗师就可以学习并感受到在引入ACT干预时来访者将要学习和感受到的东西。这是一种由内而外的学习形式，我们鼓励治疗师在ACT实践的整个职业生涯中持续关注体验式学习。

另一个重要方面是我们无法将自己和来访者从成长的困难和挑战中拯救出来。一旦走出自己的舒适区，我们也会感到不适，所以过以价值为导向的生活绝不应该被当作一种简单的选择去兜售。除此之外，ACT实践还包括对来访者的价值和选择的全然尊重。来访者所做选择的核心决定因素是这些选择在其生活语境下的有效性。这对治疗师来说是一个挑战，因为来访者的选择可能会与治疗师的价值观或期望相冲突。例如，我们可能会深信，如果来访者离开自己的伴侣，他们会过得更好——但我们通常没有资格建议他们这样做。一如既往，治疗师的作用是帮助来访者培养技能，在他们自主选择价值方向的语境下，使他们的选择更具功能性。

75

文化语境下的 ACT

在 ACT 实践、培训或督导的过程中总会出现一个问题，那就是我们来访者的规则和价值从何而来。与此相关的事实是，违背某些规则依照一些价值行事可能会使一个人与大环境中的其他人产生冲突。我们所处的文化对我们的规则和价值的形成所具有的影响是绝对的，它在模型的各个方面都发挥着作用。例如，如果一个男人生活在这样一种文化中，即认为表露情绪就是软弱的表现，这很可能会影响他对自己情感世界的调节能力、他与文化规则的融合程度以及他接受自己痛苦的意愿。当然，每个人都不一样，有着不同的学习史，然而，我们在理解个人反应时考虑更广泛的文化语境的影响是有帮助的。

虽然一些古老的传统信仰特别是佛教大体上赞同 ACT 的破坏性常态（destructive normality）理念以及在面对不适时培养意愿的重要性，但它与左右许多现代工业化社会的主流文化信息还是有些不一致的。技术变革的步伐造成了一个由语言把控的世界，随之而来的是人们通过大众媒体与烦恼、苦难和判断的更紧密连接。在许多所谓的发达国家有着高发的心理健康问题，同时人们似乎又有无数的选择来改善与之相关的痛苦。总的来说，在许多这样的文化中，有一个压倒一切的认知，即幸福被默认为等同于心理健康；如果你不快乐，你就有问题，你就应该采取措施来重新获得快乐；除了“积极”的想法和感受，其他任何经验通常都会出现症状，因此都需要被控制、压抑或消除。这一点在医学语言（如抗抑郁药物）和《焦虑治疗》（*The Anxiety Cure*）（Bernhardt,2018）等文献中都有体现。

如果你工作和生活在一个接纳和自发意愿属于非主流的文化中，那就需要着重考虑一下这种文化对ACT实践的影响，因为它会引发出一系列问题。它是如何对你和你的实践产生影响呢？它又是如何影响你的来访者的期待呢？当你开始宣传一个与公认的智慧背道而驰的信息时，你的同事和你所在的系统又会有怎样的反应呢？你是否愿意为了践行ACT而经历冲突的不适呢？关于以上任何一个问题都没有“正确”的答案，在这里提出来是为了提高读者对更广泛语境的理解。

76

ACT 与医学模式

也许文化“冲突”中最大的潜在领域之一便是ACT看待心理痛苦的立场与更为成熟的医疗模式所用方法之间的冲突。大多数人去看医生都带着一种或更多的不想要的体验，并希望通过某种缓解药物或治疗来消除这种体验。作为临床心理学家，我们见过无数回人们在初次来访时头脑中所带的最主要的恰恰就是这种模式。“我只是想快乐”或“我只是想让这种焦虑消失”是许多来访者的典型立场。他们中的大多数人就像我们一样，会有长期的就医历史，在那种情况下，对“症状”“治愈”的期待几乎就是全部。

这就给未来的ACT从业者提出了一些重要的问题，特别是当你在一个以医疗模式为主的语境中工作时。即使你没有在医疗保健领域工作，同样的想法在许多社会和文化中也是普遍存在的。在我们看来，像只能有一个赢家的“零和”游戏一样，把这两种不同的模式对立起来在很大程度上是无益的。就其可行性而言，二者都有可取之处，完全有理由并存。如果两种模式的支持者对每种模式的应用和相关优势都采取灵活的立场将会很有助益。

让我们以慢性疼痛为例。患有慢性疼痛的人在接触ACT治疗师之前很可能已经尝试了许多缓解疼痛的方法。这么做并没有错，因为身体疼痛无论长短都是非常令人不快的。来访者寻求心理帮助可能是因为他们或其照顾者认识到仅仅试图通过药物或手术来缓解疼痛是有其局限性的。虽然ACT治疗师会建议接纳疼痛这一策略，但来访者可能还会继续探寻缓解疼痛的方法。这可能听起来像哲学冲突，但它却是一个有效性问题而非哲学问题。如果在学习正念和接纳等一些有用技能的同时还有些可行的缓解疼痛的方法值得去探索，为什么不可以双管齐下呢？被诊断为抑郁症的人服用抗抑郁药物的同时参与 ACT 实践也是同样的道理。就像 ACT 实践中出现的许多问题一样，我们鼓励治疗师们将 ACT 原则应用到这个问题上，即灵活性、有效性和对观念举重若轻。

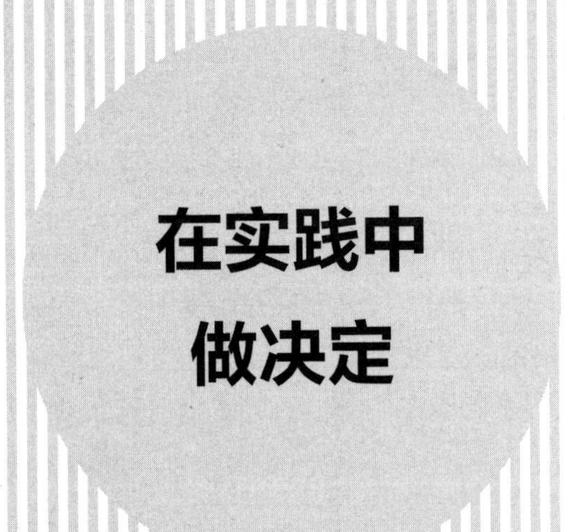

在实践中做决定

77

过程还是流程?

本书第一部分描述了ACT作为一种方法是如何以功能语境主义哲学和RFT理论为基础去应对人类痛苦的。虽然文中也介绍了一些技术，但ACT本身并不是一套特定的技术。ACT干预旨在针对语言、认知和行为的过程，而这些过程被认为是心理困扰和功能障碍的核心，在ACT心理灵活性模型中有述（见第27个关键点）。因此，对ACT的一种解释是过程导向的心理干预。许多有经验的治疗师会以高度聚焦过程的方式组织自己的治疗，持续对来访者的表现进行动态评估并根据情况在ACT过程之间转换。例如，当来访者注意到他们的想法和感受阻碍了自己追求有价值的行动时，常常观察到他们会在治疗师的引导下在模型的行动侧和开放侧之间不断地来回转换。这样的治疗可能不是事先计划好的，因为治疗师会把“当下”的态度带入工作中。

然而，话虽如此，ACT也可以以流程化的形式进行，这对于那些刚接触这种方法的人来说往往是更常见的起点。ACBS网站（www.contextualscience.org）列出了许多由临床医生和研究人员制定的流程，它们通常针对特定类型的表现（如慢性疼痛、体重管理、精神病或创伤）。每个流程旁边都有一个明确的声明，即它们都不是解决任何给定问题的ACT方法。相反，每个流程是在人当前的特别困扰或问题下，运用技术和策略，针对心理灵活性相关过程的一种ACT方法。因此，ACT流程可以被看作是一般干预策略的例子。当ACT应用于一个特定问题时，它会包括具体的干预措施，以适用于该环境和人群的需求和资源。其结果是ACT实践出现了许多不同的版本。它们之间可能会存在差异，但有着相同的基本前提和目标。此外，设计的大多数流程是可以灵活应用的。一旦我们到了治疗师的房间或教练的办公室，流程本身也会有所变化。诸如治疗师的创造力、来访者的个体差异或与设置有关的语境问题等因素都会影响到对模型各方面的相关侧重。

因此，将高度聚焦过程的 ACT 干预和高度流程驱动的干预看作是一个连续体的两端是更为有益的，治疗师根据实践过程中的一些语境因素可以沿着这个连续体做相应的调整。

78

治疗中功能分析的运用

虽然 ABC 分析总结出的前因、行为和后果链条常常被应用于单一行为，如回避。但实际上这些事件链条始终在不断展开。这在人类的每一次互动中都是以一种非常复杂和流动的方式发生的，ACT 实践也不例外。ACT 治疗师和他们的来访者将持续地影响前因后果，从而使对方的行为发生改变。例如，治疗师可能会提出一个试探性的问题（A），来访者会带着明显的情绪表现诚实地回答（B）。治疗师或许会被来访者的回应所感动，并对其愿意表现出诚实和脆弱表示感谢（C）。这些情况会在一次治疗中不断往复发生。上例中，治疗师在（C）处的回应对来访者来说具有某些功能。我们可以想象，治疗师的意图是强化来访者表达脆弱的意愿。感谢这一表示很可能被来访者体验为强化，然后他可能会增加频率以类似的意愿表现出更大的脆弱性。然而，意图不同于功能，根据来访者的学习背景，他也有可能对治疗师的反应感到不适，从而阻碍了进一步的脆弱表达。

在治疗互动中，一位正念、专注的治疗师总会注意到这个过程。这种治疗中的动态的 ABC 分析可以成为指导干预的一个非常有用的工具。作为治疗师，我们本身并不改变来访者的行为，那是他们的工作，我们的工作是改变前因后果，以期影响来访者以更有益的方式改变他们的行为。

回到上面的例子，让我们假设治疗师的目的是帮助来访者拓展他们“开放”行为的范围（根据第 39 个关键点“开放、觉察、行动”的区别）。我们似乎可以合理地认为因一个人更开放的行为而对其表示感谢会有欲望功能，从而增加其行为以更

高频次发生的可能性，不过事实可能并非如此。例如，如果来访者的学习经历显示其有很深的消极的自我认知，或者有种不相信人们会说真话的心态，那么，治疗师公开表达感谢则可能会引起他强烈的怀疑或不信任感。因此，治疗师可以利用功能分析的技巧来监测来访者的反应，并判断自己下一步干预措施如何实施。这有助于确保意欲强化的话语或行为确实具有强化的功能。

79

功能分析疗法

将功能分析应用于治疗会谈，这一想法已经在一种称为功能分析疗法（Functional Analytic Psychotherapy，FAP（Kohlenberg & Tsai，1991）的方法中得以正式化和结构化。和 ACT 一样，FAP 也被定位在语境行为科学领域，可以说二者同源。它的指导原则可以作为一个独立的干预手段去使用，不过我们把它放在这里的原因是这些原则也为促进 ACT 实施提供了一个清晰的结构，可以帮助治疗师更加接近 ACT 的功能本源。

据观察，大多数主要的心理阻碍反映在我们的人际关系中。FAP 认为同样的阻碍在治疗师和来访者之间的关系里也极有可能会出现。这或许就是为什么治疗关系的质量与治疗的结果密切相关的一个重要原因（Ardito & Rabellino，2011）。治疗性互动为治疗师提供了一个机会，即在治疗室里某些行为发生时，治疗师可以直接依照临床案例进行工作。FAP 有一小套明确的指南，可帮助治疗师关注与来访者当前问题最密切相关的治疗关系特征，以适时实现适应性改变（Holman，Kanter，Tsai，& Kohlenberg，2017）。它提倡对关系的动力进行功能分析并将其作为改变的核心策略。

FAP 还认为，人与人之间真诚的联结是最有力的强化物之一。通过强化来塑造人际行为，治疗关系为其提供了一个有效载体。诚然，仅仅与他人相处本身并不具有促进作用，因为我们经常会忽略对方需要的是什么，或者我们对他人的自动化反应反而会以无益的方式强化某种行为模式。例如，如果有人批评你的做法，你可能会退缩或作出防御性的反应，从而促使他更加严厉地批评你。FAP 要求对来访者和治疗师的行为功能进行仔细分析，特别注意一些问题行为的例证以及任何表明已作出适应性改变的行为的强化。这个过程被总结为 FAP 的五个步骤：

① 注意临床相关的问题／改善的行为。
② 唤起临床相关的问题／改善的行为。
③ 强化改善的行为。
④ 注意自己的会谈行为的结果。
⑤ 提高对行为功能的理解（治疗中），并实施泛化策略（供来访者在治疗外使用）。

由于篇幅有限，有兴趣了解更多关于 FAP 原则的读者可阅读霍尔曼等人（Holman et al., 2017）的优秀导读文本《功能分析疗法就这么简单》（*Functional Analytic Psychotherapy Made Simple*）。

80

示范、启动、强化

作为心理治疗的一种行为学模式，ACT 旨在协助来访者在其希望的行为方面做出更有益的选择。正如本书前面所说，治疗师并不直接改变来访者的行为，而是影响其做出选择的语境。我们可以各种不同的形式这么做，但所有形式均围绕来访者所做选择的前因后果展开。

对治疗师和来访者来说，始终重要的是要明确哪些行为是需要改善的目标。我们要区分无益的问题行为（比如一些回避行为）和有益的改善行为（趋近行为）。最好通过一个合作过程来区分，该过程能确定与所选价值方向相一致的具体行为，并且在这种情况下，更多这样的行为意味着要花费更多的时间用于价值驱动的生活。在增加目标行为频率的过程中，有三类治疗师行为很重要：

① **示范**（model）：当治疗师的行为与他们希望来访者更多去做的行为直接或在功能上等同时，就会产生示范作用。在治疗接触中，这可能包括表示开放、诚实或脆弱的行为。因此，如果你认为你的来访者如果能更加正念会更好，你能做的最好的事情之一就是在会谈中示范什么是更加的正念，这也许可以通过注意到和说出自己的情绪来表示（例如，“当你说起那些时，我注意到自己内心升起一种悲伤的感觉”）。

② **启动**（initiate）：此项涉及为来访者创造机会，使其在治疗中或治疗外产生改善的行为。这可以通过提问、参与体验式练习，或合作设计一个家庭作业来实现。继续前面的例子，你可以说：“既然我们已经确定你对表达情绪的回避给你带来了

一些问题，那么，如果你告诉我，你发现自己感到悲伤又会怎么样呢？”

③ **强化**（reinforce）：一旦来访者表现出改善行为，我们呈现强化刺激（为特定来访者量身定做）有助于增加来访者如此做的可能性。及时表达感谢或认可是这种强化的好例子（例如，“你能有勇气与我分享，我感到非常荣幸”）。

治疗师的任何行为都可以上述某种形式发挥作用，这取决于功能和语境。没有哪种选择在本质上比任何其他选择更好，选哪项视情况而定。ACT 涉及治疗师就如何最好地促进更具功能性的选择所做出的即时决策，而上述每种策略的相对权重会因来访者而异。

81

促进治疗师与来访者之间的协调

向专业人士寻求心理帮助往往是一种非常令人生畏的体验，所以 ACT 治疗师的首要任务之一便是提升来访者的安全感。通常在治疗中存在一种内在权力不平衡，因为来访者往往会把治疗师看作专家，而相对来说自己则低人一等。虽然无法根除这种观念，但我们可以缩短这种等级之间的距离以提升更多的对等感，从而在来访者对治疗师的关联方式中加入新的内容。

在本书中，我们曾经说过：ACT 是一种人类功能模型，其原则和过程同样适用于来访者和治疗师。显然，在 ACT 实践中，双方扮演着不同的角色，而专业界限对于治疗中的约束和安全来说是很重要的——有一些可以说是为了促进分享共同的人性。其中一部分可以通过交流模型的经验知识和技术知识来实现。打个比方，想象一下，你需要一个老师教你弹吉他，你选择老师的标准是什么？一个人熟知所有乐理和吉他构造但从来没有真正演奏过，另一个人每天都在演奏，如果你可以在二人之间作出选择，你会选谁？当然能够同时拥有这两种能力的人可能是最好的选择，不过这些人可能比较难找。我们的观点是“身体力行”的 ACT 治疗师会比“空谈”的治疗师更具优势。治疗师表现出愿意体验其让来访者体验的内容，这就是一种强有力的示范。

有很多 ACT 练习和技术的应用超出了本书的范围。重要的是治疗师要以与 ACT 相一致的方式使用技术去探索过程，为此，我们建议治疗师参与练习，以审慎的自我暴露作为示范手段，从而促进治疗师和来访者之间更紧密的协调关系。这种合作增进了两者的信任和亲密，而这正是治疗关系的主要因素（Villatte et al.,2016）。

同时，我们会敦促治疗师减少“专家”行为，减少对科学解释、建议或证明自己可信度的依赖。相反，强调对等有助于建立一种合作和专业共享意识，或者说是“同舟共济”、齐头并进的意识。

82

行胜于言

本杰明·富兰克林曾说过一句名言："说给我，我会忘记；教给我，我就会记住；让我参与，我才能学会。"这句话经常被作为推广体验式学习方法的箴言。你或许会认为，我们只是想要简单地重复富兰克林的口号，然而这正是接下来要说的。

ACT 非常强调体验式学习，因为这样做符合功能性语境主义和 RFT 的原则。与来访者谈论干预措施可能在一定程度上有益，不过往往不能帮助来访者更加深入地体会直接经验。以暴露疗法为例，让来访者理解为什么要进行令他们感到焦虑的活动很重要，教给来访者暴露疗法的工作原理也很重要，但效果均赶不上让其进行实际暴露练习的经验所得。单纯的教学往往会促进人们的顺从，或者仅仅认为人就应该这样做而遵循言语规则（Villatte et al.，2016）。如果来访者只是为了寻求治疗师的认可而进行暴露，那将会毫无裨益。他们很有可能在做这件事的同时会关注自己做得是否正确，而不是以一种有助于自己对体验进行观察和总结的方式去做。

在咨询专业人员之前，来访者就已经带有很多规则。也许有人会说，正是因为一开始有了大量的规则和他们对规则的严格遵守，才导致他们需要寻求帮助。因此，对于治疗师来说，提倡更多遵守的规则，往往是告知、教导、建议的结果，并无益处。相反，治疗师更有效的做法是促进追踪。这是学习观察和描述刺激与事件之间功能关系的过程。例如，在恐惧的环境中不回避或不去寻求安全，随着这种状态存在时间的延长，去注意自己的焦虑会发生什么样的变化。这种类型的学习可以帮助我们决定是否需要去遵循规则，决定的根据是遵循规则是否使我们得到强化。当我们有效追踪时，我们学习中发展出来的任何规则都可以不断地被修改和更新。

虽然本杰明·富兰克林对 RFT 一无所知，但他清楚地知道让人们参与到体验式学习中可以促使人们更好地适应环境，培养人们对直接经验的关注，而不是依赖言语构建的规则。由于遵循规则会明显降低对环境的敏感度，因此，治疗师与其告诉来访者做什么，不如示范、启动并强化对直接经验的注意和描述，这样会更有帮助。

83

功能重于形式

早在第 9 个关键点，我们就介绍了事件的功能与形式之间的区别。时刻提醒自己对于想法和行为要多问一句：“它的功能是什么？”这是一种很有用的方法，这么做可以保持对事件运作方式的关注，而非仅仅聚焦于对事件内容的描述。

切记，看似相同的想法和行为对不同的人（或处于不同时期的同一个人）其功能是不一样的，这对任何一位治疗师来说都是一个挑战。展现幽默是促进人类互动的关键因素之一，它有助于我们与他人建立亲密关系。让我们来看一位在治疗互动中使用幽默的来访者。他可能是在以此与治疗师建立联结，也可能其幽默具有完全不同的功能。例如，幽默可以是一种明显的回避策略，来访者将其作为一种手段把治疗师的注意力从一些令自己痛苦或厌恶的事情上转移开。与其认为行为具有特定功能，不如对它能以各种方式发挥作用的可能性保持开放态度。因此，始终关注“它的功能是什么？”这个问题是至关重要的。

功能/形式辨别对治疗师的想法和感受造成牵制的另一种途径，是当我们面临新的或具挑战性的情境时。其中包括被介绍给一个我们以前从没有一起工作过的来访者，或者当来访者以一种真正出乎意料的方式做出反应时。对于新的状况，如果我们只关注形式，那就很容易发现自己在担心：“我对那类诊断没有经验，所以我无能为力。”然而，如果我们把注意力集中于在此状况的语境下发生的想法和行为的功能上，可能会发现我们比想象的要更熟悉它们。例如，拒绝聚会邀请、使用精神活性药物、注意力分散、自我伤害等都是可以起到回避功能的行为的例子。从功能的角度来看，形式截然不同的想法、行为和表现都可以属于同一个功能类别。对于来访者出乎意料的行为而引发的想法，例如：“我真希望来访者没有说过这句话，现在我不知道该怎么做了！”同样适用于此原则。少关注他们说了什么（形式），而多关注他们怎么说（功能），将会很有助益。

84

语境重于内容

CBT第二浪潮到现在已经有50多年的历史了，其理论核心是：当我们的思维内容不受欢迎时，我们应该努力改变它。此观念已经变得越来越主流，为“积极思考”的好处的不同文化信仰增加了另一个维度。作为治疗师，我们能够注意到，当来访者说了一些我们不赞同的关于他的“消极”事情时，我们自身会有强烈的反应，即产生要去争论或挑战的冲动。例如，一个有自我接纳困扰的来访者可能会用严厉的语言诋毁自己，我们会感到有种迫切的冲动，想说不是这样的或者列举出他们所有令人钦佩的品质。这种冲动可能来自专业训练或文化影响。虽然这或许是出于我们内心深处的同情，但如果没有谨慎地表达，就有可能是无效的。由于思维是一种言语行为，我们可以通过影响其前因后果去塑造它。ACT并不关心改变想法的内容，而是更愿意关注其发生的语境。

想象一下，你正持有一个“我一无是处”的想法。就其本身而言，在不了解语境的情况下，这件事几乎没有什么有效前瞻性，也没有能影响行为的特别作用，然而其发生的语境会明显影响到它的功能（Marshall et al.,2015）。如果你是在这样一个语境下体验到上边的内容，即你认为要成功就应该持有积极的想法，存在缺陷是不能被容忍的，你或许会把“我一无是处”这个想法的存在看作是失败的字面证据。于是，你可能会极力避免、控制或通过经验性回避的行为模式来压制这种想法。通过这种方式，在此语境下，这个想法已经对你的行为产生了强烈的影响，且严重摧残了你的健康。又或者，你也可以在接纳和自我同情的语境中去体验同样的想法，认识到每个人都会犯错，也容易常常体验到不舒服的想法。如果这是“我一无是处”

出现的语境，这样似乎让人更容易与它拉开更大的心理距离，从而减少它对行为和幸福的影响。这便得出一个结论，即重要的是语境而不是内容。

爵士乐音乐家迈尔斯·戴维斯（Miles Davis）有句名言：“当你打出一个‘错误’的音符时，下一个音符决定它的好坏。”这清楚地表明了语境在音乐欣赏中的重要性。而在治疗互动中，它也同样重要。ACT 治疗师的任务之一是将工作重点放在对语境的影响上，语境正是来访者体验其想法的所在。这或许可以通过对接纳和解离过程进行工作而达成，同时避免陷入有关内容的无益讨论之中。

85

实用性重于真理性

除了被拖入关于内容的讨论中，我们对一致性的渴望（见第 16 个关键点）也会很自然地把我们拉到对客观真理或根本一致性的探索中。鉴于 ACT 的功能性语境主义观念，如果不能很好地处理，这可能是有问题的。如前所述，ACT 的哲学立场是不存在客观真理，重点是帮助来访者发展功能一致性。这包括注意和追踪哪些选择对他们有益。例如，他们允许哪些想法影响和塑造他们的行为。

关于客观真理的讨论是有问题的，因为往往这种真理永远无法真正确立。想象一下，你经历过被雷击的极度恐惧。关于雷击的想法可能真的会让你很难受，并影响到你的行为。于是你或许自然就会有这样的想法："我会被雷击中吗？概率有多大？"甚或"我会被雷击中"。如果要寻找真相，我们可以对概率进行广泛讨论，不过我们永远无法排除雷击发生的可能性。而你的大脑或许就会抓住这点可能性，因为那将是事情的真相。在ACT中，问"这有帮助吗？"比问"这是真的吗？"更有意义。因此，ACT方法考虑更多的是关于雷击的想法支配你的行为这一点是否有用。它使你接纳自己的经历，即你的头脑会想到雷击，而你相对来说又控制不了它。ACT也激发你去思考如何带着雷击的想法过自己的生活并为之而努力。它会鼓励你在想法出现的时候去遵循最有用的应对方式，从而促进功能上的一致性。因此，ACT更加注重实际，强调对痛苦想法的行为反应，而不是对其真实性的任何理解。

与前文关于注重实际的观点一致，如果 ACT 治疗师不去探究客观真理而是围绕对想法的不同反应的功能组织讨论，则会对其工作很有助益。现把可能会用到的此类型的问题举例如下：

- 当你有这种想法时，你接下来会做什么？
- 然后会发生什么？
- 如此回应是否有助你更接近或更远离你想要的生活？
- 长期坚持如此回应，是帮到了你还是伤害了你？

86

以“增加”的方式工作

RFT 表明，当涉及在刺激物之间建立关系网络时，人类有一种不可思议的能力，我们能够以许多复杂的方式把所有事物联系起来（见第 14 个关键点）。随着成长，我们会继续自动地将刺激物添加到我们的网络中。如果你已经逐章阅读了本书，希望你会有这样的体验，即这里介绍的一些观点被更多地加入你已经知道的 ACT 或心理干预的知识中。这个过程中，更有趣的部分是，虽然我们的学习能力看起来几乎是无限的，但忘却并不是一个已知的心理过程（Villatte et al.,2016）。还记得第 18 个关键点中的“玛丽有一个小________”吗？除非有任何严重的神经系统紊乱，否则你至死都会把“小羊羔”插入这个句子中。虽然像消亡或遗忘这样的过程会削弱既定反应模式，但上述行为不会从我们的能力中自然“消失”。由于思维是一种言语行为，所以我们建立的关系网络也不会消失。

在我们与来访者亲密的治疗互动中，这或许是困扰的源头。了解到你所关心的来访者总是将他们的自我与无价值联系起来会让人感到痛苦，因为你可能无法提供任何干预措施来打破这种联系。这正切中了接纳的核心，因为 ACT 并不是要从来访者那里拿走什么。这里有一个很好的隐喻，即把人的大脑看成是一个没有“减法”或“除法”按钮的计算器。追求旨在试图删除想法或忘记行为模式的策略并不是我们能做的最有益的事情。这一点在围绕想法进行干预时尤为如此，因为虽然人类能够相对成功地抑制行为（如推迟几个小时进食），却很难去抑制思维。作为治疗师，我们的任务是找出如何最好地按下“加法”或“乘法”按钮，并考虑在来访者的关系网络中加些什么。我们可能会问自己，我们最好将什么添加到来访者的符号关系网络中，从而改变之前一些无益的想法发生的语境，或者转变这些想法的功能。许多 ACT 干预都是通过上述一种或两种方式发挥作用的。例如，有一个解离练习，鼓励来访者在困扰的内容（如“我是个失败者”）前加上“我有这样一个想法……（我是个失败者）”（见第 57 个关键点）。这就把这个想法放在了观察自我的更大语境中，通常会在一定程度上削弱它的力量。

87

增加行为而非减少行为

与前一个关键点所述加而不减的工作形式密切相关，ACT 治疗师在鼓励来访者进行行为改变时，也需要仔细审视一下自己的价值方向和动机。虽然许多医疗卫生系统重视“减少症状”并以此衡量效果，但我们的立场是不希望来访者减少任何东西。有时，我们可能会过于关注想法、感受或少做一些困难的、令人痛苦的或无益的事情。例如，许多心理健康评估方案把重点放在对“问题”的描述上是为了之后减少问题。如果我们采用不同的观点，更加注重来访者能更多地做些什么，会是什么样子呢？我们的经验是，如果把重点转移到去思考我们可以把什么加入到来访者的行为范畴中，结果就会有一系列不同的可能性发生。当人们开始关注加强意义和目的的重要性，而不是单纯地减少生活中其他方面的影响时，讨论就变得更加重要。

举个个人的例子，我们两个人接触 ACT 之前都接受过第二波 CBT 方法的培训，尤其是认知疗法和理性情绪行为疗法。我们都有学习和帮助他人的价值方向。想象一下，我们遇到 ACT，认识到它是更广泛 CBT 传统中一项新的发展。虽然接触崭新的事物很具诱惑力，但更有益的做法是想想如何最好地将 ACT 技术逐渐加入我们的帮助行为清单中，而不是将注意力集中在如何最好地停止做以前培训教我们去做的事情上。

ACT 治疗师对来访者行为所采取的方法与此并无太大不同。强调增加而不是减少会影响治疗互动的各个阶段。在评估时，其表现为，希望了解来访者生活中给他们带来意义和目的的方面至少与了解他们认为困难或痛苦的方面差不多。这些信息可以帮助建立一个有价值的治疗方向。在干预过程中，其表现为注重拓展来访者的适应性行为能力，而不是直接减少那些无益的行为（尽管最后这些行为的发生频率经常会减少）。最后，在效果评估方面，你不太可能发现ACT治疗师使用聚焦症状的评估方法来表明问题的减少，取而代之的是，通过使用诸如“接纳与行动问卷”（AAQ-Ⅱ；Bond et al.,2011）等将重点放在论证心理灵活性是否提高上。

88

价值高于目标

ACT 治疗师面临的另一个挑战是将工作重点放在价值方向上，而不是一般由目标所代表的固定的目的上（见第 32 个关键点中概述的指南针的隐喻）。人们很容易与追求目标融合，有时可能会牺牲当初指引人们走向目标的价值。人们可以在健康心理学中找到这样的例子，比如当人们经历了改变生活的事故或疾病，这种情形使他们很难再去追求自己曾经能轻松享受其乐趣的活动。一个人通常会执着于去做过去常做的事情，并相信如果做不到的话，他们就不再是曾经的那个自己。虽然以过去的方式进行活动受到限制无疑具有挑战性，而且可能在情感上非常痛苦，但我们认为继续朝着价值方向前进而不是关注具体活动本身才是更重要的。

想象一下，因为珍视与家人的关系[1]，你和他们一起去海滩休闲，你们在涨潮前早早就到了那里，因为那时海滩会有足够的空间。你们把活动场地设在了水边，这样就可以一起玩圆场棒球，当球偶尔被打进海里时，你们笑声一片。你们全家人都参与到了游戏中，直到潮水开始涌上来，海滩上人越来越多，限制了游戏的空间。最后，你们需要把场地移到离水边更远的地方去玩不同的游戏，因为圆场棒球已经无法进行了。这种情况可能会发生几次，随着时间的推移、可用空间的

---

[1] 此理念基于彼得·布莱克本（Peter Blackburn）与一位被诊断为癌症的来访者会谈时形成的一个隐喻。

减少，你们不得不更改活动。到了一天结束的时候，海滩已经变得非常拥挤，所以你们决定去找一家海边咖啡馆，一起吃点东西。扪心自问，在海边度过美好一天的衡量标准是什么？全是根据具体的活动吗？又或者是为了维系家庭关系，大家根据周围环境变化灵活地改变自己所做之事？ ACT 治疗师有必要在注重目标之外始终如一地关注价值，以确保对目标的追求是以价值为导向的，而不会模糊了它最初被赋予的意义。

89

确保价值不要成为规则

ACT 中的价值理念对治疗师和来访者来说都具有潜在的吸引力。根据我们的经验，接触这样一种明确寻求激发来访者资源并与根本上有意义的观念相联系的心理治疗模式，对双方来说都是一种强有力的体验。在一些方法中，内心冲突很容易被看成是充满了问题，而对价值的关注则可作为 ACT 治疗师治疗的众多出发点之一。其产生的能量和热情有可能会让人产生幻象，无论是来访者还是治疗师都认同这样的概念，即所有需要做的就是明确来访者所关心的事情，并促进对价值驱动行为的执着追求。这或许是一个陷阱，因为它否定了 ACT 的核心过程，即心理灵活性。它也否定了价值的一个核心方面，即它是一种自由选择的事物。几乎在来访者开始相信他们必须追求一种价值的那一刻起，其灵活性和自由选择就已经开始消失，而这种价值开始看起来更像是一种规则。需要重申的是，规则本质上并没有错误，不过如果在遵守规则方面存在僵化，不采纳心理灵活性立场，那么随之产生的行为也不太可能被展开或更具功能性。

凯利 · 威尔逊（Kelly Wilson）经常谈到积极追求价值但看淡价值的概念。握笔的隐喻是描述尊重一个人价值方向的最实用的方法。在许多不同的场合，笔都是非常有用的工具，而要使它发挥作用，我们施加给笔的压力却非常小。我们一般都是轻轻地拿着它，因为这样做会觉得笔很好用。如果我们使劲按着它写字，笔就会变得不那么顺手，因为手指僵硬意味着我们无法很好地使用它。此处想说的是价值方向的作用方式是一样的，如果轻松看待，其作用发挥得最大。我们把价值方向看得越重，它们的作用就越小。因此，治疗的任务之一是与来访者协同追踪其与自己价值方向之间的关系。

虽然价值方向的识别与澄清是 ACT 过程的重要部分，但学会辨别功能性选择更为重要。保持选择趋近和回避行为的自由，然后追踪这两类行为的结果，在来访者 ACT 的旅途中，这些将越来越成为治疗与疗程间实践的重点。

90

瞄准隐喻的目标

我们还记得刚接触 ACT 时的情景，记得从书本、视频和培训课程中学到了很多“现成”的隐喻，记得热衷于将这些隐喻应用到我们的来访者身上。采用“经典”的 ACT 隐喻并以此方式使用它们并没有什么本质上的错误——它们之所以成为“经典”是有原因的。然而，正如前面所说，保持对功能而非形式的关注也很重要。因此，我们的建议是确保隐喻的使用旨在实现特定功能的转换，而非仅仅因为它们是众所周知的，又或者因为它们以前对另一个来访者有效才去用到这个隐喻。

为了创造（或共同创造）有效的特定隐喻，我们需要遵守几个基本原则［参见特内克（Törneke）2017 年的详细分析］。首先，隐喻的目标（本体，即来访者经验的相关方面）必须对来访者具有重要功能。其次，隐喻的喻体（与本体相比较的概念）必须与目标的关键特征相对应，这样来访者才能在隐喻中认识到自己的经验。最后，喻体必须包含比目标中更清晰或更突出的属性，从而帮助来访者更清楚地看到目标的特征。

应用上述原则的一个示例来自与一位被督导者的讨论，她谈到如何最好地界定与来访者的亲密程度。她既想与他人建立联结，又想通过专业界限保持安全，她不确定怎样平衡这两者最好。她对自己无法取得适当的平衡而有些苦恼。这里的目标是被督导者希望平衡她的两个价值方向。所形成的隐喻喻体来自一个金枪鱼渔夫不知道该用什么样的网打鱼这件事。渔夫希望渔网能捕获最大量的金枪鱼，同时又能最大限度地减少被渔网网住的海豚数量。他的决定涉及他所用网孔的最佳尺寸。讨论的核心是,网孔没有完美尺寸,每个孔的大小都代表着一个连续统一体上的某个点,从通过捕获金枪鱼来实现收入最大化，到通过避免网到海豚来保护野生动物。一旦被督导者清楚地认识到没有完美的解决方案，她就更愿意利用直觉来平衡自己的价值方向，在做决定时，对与个体来访者的互动情况会更加敏感，而不是采用一个全能的规则。

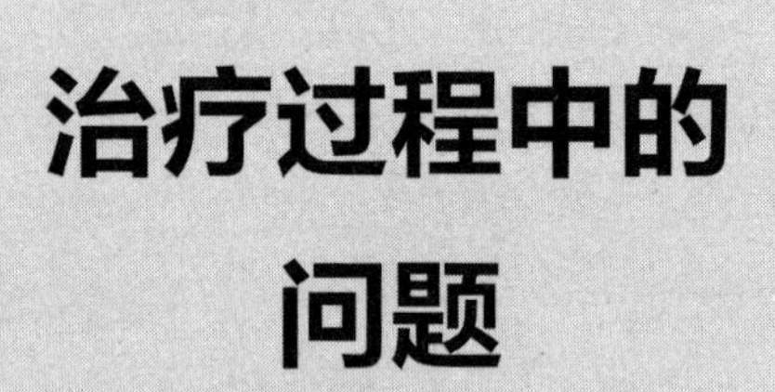

治疗过程中的问题

91

什么时候控制和回避可能是好的?

对于“什么时候控制和回避是好的？”这个问题的答案，是令人恼火的“这取决于……”。这对于一个功能性语境主义者来说是很有道理的。它取决于情境。也就是说，我们需要先理解语境，然后才能理解行为的功能，包括回避和控制。

鉴于 ACT 模型将心理灵活性置于最前最中心的位置，这样很容易让人犯这样的错误：接纳总是好的，而控制和回避则总是坏的。然而，经验性回避和融合的定义（见第 19 个关键点和第 20 个关键点）都强调，这些过程只有在过度时才会成为问题，以至于造成伤害并阻碍朝向价值的行动。值得再次说明的是，ACT 对行为表现不感兴趣，而更关注其背后的功能。有些时候，来访者可能会为了承诺价值行动而运用控制策略。例如，在表述之前，来访者会很明显地为了放松而进行深呼吸或正念练习。虽然这些策略很可能起到了回避和控制的作用，但关键是看它们能否促进有价值的行动。

再举一个例子，我们很容易把割划自伤的行为评估为无益或是有害的，在大多数情况下，很可能是这样。然而，如果一位家长在缺乏其他技能的情况下，将自伤作为缓和激烈情绪的一种方式，这样她就可以不住院而能够去照顾子女（即朝向价值的行动），这至少在一定程度上可以被认为是可行的控制。

治疗师可以加强这种行为，从厌恶控制的行为转变为广泛的欲望控制，同时随着时间的推移逐步形成技能。此立场摆脱了认为回避和控制是完全不好的僵化态度，避免传递“永远不能这么做”这样一种信息。这种信息是有问题的，因为首先，它会产生僵化规则，随之使人对于实际亲历偶发事件不再那么灵活。其次，学习通常是以一种渐进方式启动，其中旧有模式被逐渐消除和抑制，而一个新的、更成功的模式脱颖而出（Craske et al.,2014）。

ACT 的一个中心主题是帮助来访者提高他们可以进行的行为控制的程度，减少在厌恶控制下的自动行为。因此，有时来访者会回避某种情绪或控制自己的思维，但方式是自由选择的，而非自动反应。在此情况下，治疗师加强对这种反应的选择是很有助益的。这包括来访者在治疗中故意选择不谈论某个问题的情况。虽然这可以被归类为回避，但需要塑造的关键行为模式是可行的选择（而不是特定选择本身）。

92

自我暴露

治疗中的自我暴露（self-disclosure）总是一个棘手的问题。如果应用得当，它能使人获益巨大，但如果使用不小心，则可能会造成伤害。对此我们发现有用的经验法则是：

① 确保任何自我暴露都是在以来访者利益为主的语境下进行。

② 如果有任何疑问，先暂停，然后寻求督导。

话虽如此，治疗中一些最有效的瞬间可能来自治疗师的自我暴露，在 ACT 框架下更是如此。ACT 认为，人们所纠结的想法和感受并不是问题，而是我们与它们的关系导致了所有的问题。当我们与自己的经验内容进行抗争时便强化了这样的观念，即经验内容就是问题，而我们又缺乏摆脱这些经验的能力，使得我们与其他社会功能群体格格不入（或者我们的头脑是这么说的）。作为治疗师，当我们自己暴露所纠结的经验时，便给出了经验不是问题的信息。

两座山的隐喻可以用来组织和建构自我暴露。

你在自己的山上向上攀登，路遇冰雪，来到这里寻求帮助，又或者是你想把自己真正推向一个新的高度。而这边的我，也在自己的山上（不是在山顶），虽然已经光荣地征服过这座美丽的山峰，但仍努力向上攀登，即使路上冰雪阻碍，仍旧勇往直前。从我的位置我会给旅途中的你提供一个独特的视角以及一些有关专业设备和技能的意见，以帮助你应对冰雪的挑战或攀登至更高峰。我在这边的位置给那边山上的你提供了一个不同的视角。从这里，我也许能看到你无法看清楚的东西。我们会把这个视角和你来之不易的经验结合起来，这将有助于我们之间的团队合作。

通过这样的陈述，我们对来访者说，虽然某些想法和感受可能会让人很痛苦，但它们的存在并不会将来访者与其他人分开。通过这种方式，可以帮助来访者和治疗师进入一个协调框架（“你和我都在和它们抗争，这种抗争是正常的，也是人类的共性”）。克里斯滕·内夫（Kristen Neff）谈到了作为慈悲和自我慈悲（self-compassion）的重要促进因素的人之常情。当我们在别人身上看到自己的困难之处时，我们就会减少与这些方面的抗争，从而打开了善待自己的大门。

自我暴露有不同的层次，包括对当下经验（例如，“当你让我知道你此刻有多受伤时，我感到你很温暖和亲近”）和痛苦挣扎（例如，“当你问我那个问题时，我注意到我的头脑在说我必须找到正确的答案”）的反应。在小组环境中，参与者可以在进行正念练习时表达自己的想法（例如，“我注意到我的头脑在练习中真的很忙乱”），或者对他们自己在一周内采取的价值行动给予反馈。

较少见的是暴露更多个人与更深层次问题的纠结，比如治疗师关于自己心理健康问题的经验。这种暴露可能非常有效力，但需要仔细斟酌本关键点开始时提出的两点经验法则。

93

立足当下

对我们大多数人来说，保持立足当下的状态并不是自然而然产生的，我们需要通过练习来强健“正念”肌肉。而对于治疗师来说，很可能存在对大脑“思考模式”的普遍依赖以及在治疗时变得“头脑发热”或聚焦问题的一种倾向。

治疗是种独特的环境，它使我们利用技能来表达问题、弄清楚问题细节以及理解问题所在，同时要求我们与另一个人进行复杂的情绪和人际互动，有时甚至是在非常痛苦的情况下进行。难怪我们经常发现自己会脱离当下。基于以上原因，我们认为练习立足当下的技能对你作为 ACT 治疗师的发展至关重要。这可能要通过你自己正式的正念或冥想练习，完成正念课程，或者规律的非正式练习来达成。这将使你具备立足当下的能力，并让你从自己的经验中真正地谈谈接触当下的技巧。

将这些来自你个人经验的技能带入你的实践中是很重要的，所以形成这样的习惯和惯例会很有益处。它们将帮助你在最需要的时候获得这些技能。有必要去审视一下你的实践过程，看看是否可以在一天中腾出额外的空闲时间。如果你发现自己在会谈之间的每时每刻都在写笔记、打电话（或检查你最重要的社交媒体账户），你可以考虑从中腾出 1 ～ 2 分钟的安静时间。

在进入一次会谈前你可以做几次正念呼吸，帮助你把意识锚定在呼吸上而进入到当下的状态。你可能想在房间里放置一样物品或图像来提醒你回到现在，或在你的记事本顶部做一个标记来提醒你进行呼吸或放慢工作进度。所有这些技巧都有助于提供一个使人更能进入当下的语境。

当然，有必要说明一下，立足当下既不好也不坏，只是有时候它是我们不易产生认知融合和经验性回避的一种状态。这与我们作为 ACT 治疗师自身的价值方向以及我们的选择能力有关。定期检查我们自己的行动与价值方向的契合度，可以作为一个有用的晴雨表，用来判断我们需要在多大程度上连接当下。此外，请尽可能地以一种善意、慈悲的方式进行，以免用评判和自我贬低来打击自己。

94

治疗师认知融合的觉察

套用斯科特·佩克（M.Scott Peck）的著名自助书籍《少有人走的路》（*The Road Less Travelled*）的开场白：治疗是困难的。它充满了不确定性、错误、复杂的问题与痛苦。它可以是两个个体之间一个非常私密的过程，具有极大的意义，同时，也是隔离和孤独的。治疗师见证了来访者令人不可思议的成长和变化，也听到和看到了他们深深的绝望和痛苦。我们与那些正在遭遇困境、饱受折磨的人坐在一起，他们迫切想要治疗师理解他们艰难的处境，同时又希望自己的处境彻底改变。

对于我们大多数人来说，甚至所有人（尤其是那些标准稍高的人），这些情节是非常好的促进剂，让我们与自己的想法融合并做出不那么有益的反应。当然，与想法融合是完全正常的，且是治疗过程中预期的一部分。我们能期望的最好的办法是开发出某些技能，当我们融合时能觉察到这一点并练习解离，也许在此过程中能给来访者树立一些有用的榜样。

以下是我们在治疗中易于融合的一些想法，以及我们融合后的行为。

约瑟夫

想法：“我不知道自己在做什么。”

融合后的行为：为会谈过度准备；变得沉默，让来访者引导会谈。

想法：“这还不够，我需要做更多。”

融合后的行为：做创意练习；会谈过于复杂，忘记了根本目的。

理查德

想法："我是个冒牌货——我的来访者很快就会发现。"

融合后的行为：可能通过引用一些我读过的研究报告试图让自己看起来很聪明，以此过度补偿；以理智的方式谈论来访者的情况。

想法："我自己有问题意味着我不能帮助别人。"

融合后的行为：注意力不集中，不再清晰聚焦于来访者的叙述；变得说教更多，体验更少（例如，开始使用白板或工作表）。

通过以上举例，你可能会观察到有些行为从表面上看并不全是坏事，实际上还可能是有用的。在来访者的强化下，我们很容易看到规则支配的行为模式是如何轻易被保持的。但是，基于融合的行为不太可能灵活应对实际的突发事件，因此从长远来看也不太可能有帮助。

治疗师的融合是棘手的心理治疗行业的保障。与融合一起出现的还有一个愚蠢的想法，即 ACT 治疗师不应该与他们的想法融合，好像冥冥中知道融合会使我们对这个过程免疫。我们融合的下一个想法，即："我是一个 ACT 治疗师，我不应该与这样的想法融合！"然后我们会因为与之融合而使自己倍感难受。很正常，因为我们的头脑就是这样运作的，接下来我们就会因为使自己难受而开始自责。我们的头脑确实热衷于讽刺。这里想要说的是，在治疗中，与想法融合是没有问题的，这在治疗过程中是正常且自然的。因为融合而感到难受也没有关系，这正是你的头脑进化形成的习惯。

就像外科医生用手术刀、建筑工人用锤子一样，我们是以语言为工具。大多数时候，我们可以有效地使用它们，但偶尔也会被自己的语言和思想所困。我们能做的最好的事情便是，当我们发现自己身陷其中时，把自我慈悲带入治疗并正念地去觉察这个过程，以便为我们在工作中做出更好的选择创造空间。

95

避开“修复”陷阱

对我们大多数人来说，进入一个助人行业是为了帮助人们在他们的生活中做出真正和持续的积极改变。看着一个人改变并在其生活中健康成长是非常有意义和令人欣慰的。但另一方面，有时我们可能会被拉进“修复”陷阱。这个陷阱就是当我们过于聚焦为来访者的问题提供解决方案时，而解决问题的迫切欲望则降低了我们对当前语境的敏感度。当我们身陷“修复”陷阱时就会忽视来访者的需求，而我们自己的需求、融合和回避则成为我们行为的主要驱动力。当来访者只是希望被倾听或者自己的痛苦被承认或认可时，我们往往会视而不见且变得过于执着和偏于说服，试图做我们认为正确的事情。最糟糕时，这可能会导致治疗破裂，甚至来访者终止治疗。

那么，为什么我们最终会这样做呢？原因有很多。首先，我们自己的经验对我们在治疗中如何回应来访者会起到很大的作用。我们可能已经习得为了提供帮助我们需要展现积极，或者已经知道苦恼和痛苦是有害的，因此需要尽快减少它们。这可能会影响到我们对治疗师所制定的那些规则。例如，“我必须做些什么才有用”“专家知晓答案，不能让人陷于痛苦之中”。我们可能对治疗师的工作有一定的期待模式或期望。例如，专家一定是健康、稳定的人，并能提供父母般温暖的建议和指导。

我们也会发现看到别人痛苦会给我们带来情绪上的困扰。在这种情况下，我们可能会陷入“修复”模式。这么做不是为了帮助来访者，而是为了减轻自己的困扰。最后，有些来访者发现自己难以与痛苦相处并呈现高度的紧迫感，恳求或要求我们给出答案或助其修复。对治疗师而言，即使明知不能这么做，但不回应来访者的要求也会令人痛苦。

为了避开“修复”陷阱，我们需要玩好治疗师自己的游戏，即要觉察我们自己的心理灵活性过程和我们卡住的地方。尤其是当遇到比其他人更容易让我们陷入“修复”陷阱的来访者时更需如此。以下是一些我们自认为很有帮助的主要建议：

① 为自己做一个 ACT 矩阵，找出身陷陷阱时你不想要的经验和行为。同时，思考对于特定来访者你所持的价值方向以及想采取的具体行动。

② 寻求方法走出自动导航模式，接触当下（如前一个关键点所述）。

③ 关注出现的情绪。一个善意、温暖和慈悲的姿态可以起到抚慰作用，并创造出一种语境，使这种情绪的存在不必再作为行为的唯一指南。

96

与困难情绪同在

ACT 模式的本质意味着 ACT 治疗师往往需要在治疗会谈中转向困难情绪并与之同在。然而，与困难情绪同在不应成为一种刻板遵守的规则，它需要基于来访者对其问题的表述，以便确保有益于来访者。也就是说，有时回避或转移注意力同样可以起到帮助作用。重点不是结果而是对情绪的反应过程。ACT 治疗师会帮助来访者减少由回避和融合所驱动的自动反应次数，而增加相应的由价值引导的反应次数。

治疗师往往需要非常迅速地决定是否在治疗中与困难、情绪同在，因此至关重要的是我们根据自己的自动反应做出决定的概率要降低。我们自己对治疗的信念，对我们与困难情绪同在的能力有很大影响。通常，这是治疗师与以下想法融合的结果：

- 我正在造成伤害。
- 治疗应该让人们感觉更好。
- 我处理不了这个。
- 治疗应该是精确的，而不是混乱的。
- 来访者不会喜欢我。

因此，重要的是要觉察自己在困难情绪面前产生的想法，这样就可以预见它们，减少融合的机会。记住，解离并不意味着这些想法被忽略，反而是它们需要被关注。

与困难情绪同在可以针对“活在当下”起到练习和示范的作用。通过请来访者与令人痛苦的事物相处，治疗师传达了一个信息，即该情绪不是有害的，也不会构成威胁，来访者是可以应对的。这么做也示范了一种接纳和好奇的态度，由此来访者就可以开始觉察到他们如何与这种感觉建立不同的关系。由于情绪是当下发生的，治疗师可以帮助来访者对其进行直接接触，而非只关注有关情绪的概念性的东西。这样可以使来访者有更多机会“听”到情绪所表达的信息。治疗师还可以在融合发生时为来访者指出来，从而引导其注意到特定想法对自己的影响，以及它们如何限制了自己基于价值的行动。

要想真正做到与困难情绪同在，治疗师可以进行以下一些操作：可以进一步询问这种情绪何时发生，也可以请来访者放慢速度并重复他们所说的话，又或者仅仅保持安静，让来访者更充分地与感受连接。虽然有时不易看到人们接触痛苦情绪，但转向这种感受却会给人带来一种充实和活力。

97

学会爱你的自我怀疑

我们在学习大多数生活技能时会期望自己随着时间的推移变得更加自信。而伴随着这种自信，我们对自己施展这些技能的能力所持的怀疑也会相应下降。我们的头脑认为自我怀疑不好，而自信则是好的。然而，一些耐人寻味的研究表明，对于治疗师来说，自我怀疑根本不是一件坏事。事实上，数据显示这种态度可能是取得良好治疗效果的关键因素。

在一项有趣的综合研究中，海伦妮·尼森利和她的挪威同事（Nissen-Lie et et al.,2017）询问了70位来自不同专业背景的治疗师有关他们在工作中的自我认知、职业自我怀疑和应对策略。另一组是由治疗师们接诊的255名来访者，他们在研究开始前报告了自己的人际关系问题和痛苦程度，接着被随访2年。

同之前的研究结果一致（Nissen-Lie, Monsen, & Rønnestad, 2010; Nissen-Lie, Havik, Høglend, Monsen, & Rønnestad, 2013），该研究发现了一个有些令人意想不到的结果，即那些对自己治疗来访者的专业功效有较高程度自我怀疑的治疗师实际在对来访者的治疗上取得了更好的结果。然而，最近的研究还有另一个有趣的发现，即研究人员发现那些对自己更友善、更具自我慈悲心的治疗师在对来访者的治疗上疗效更佳。研究人员特意将他们的研究命名为**“以人之名爱自己，以治疗师之名怀疑自己”**。

之所以造成这样的结果，可能有很多因素在起作用。自我怀疑结合自我慈悲很可能是通往自我反省的大门，还有对个人局限性和对有复杂问题的来访者的固有治疗困难的承认。这种自我反省让我们在治疗中更加灵活，反应更加积极，从而能更有效地应对挑战。

这些因素也有可能帮助治疗师更能接纳本来就有的高度不确定性，而这是治疗过程的核心部分。通过表现得更为接纳，治疗师将能更好地分享、讨论和示范面对不确定性时的一些有益看法，所有这些都为正在培养与不确定性共处有关的新技能并练习解离和接纳的来访者提供了宝贵的示范。除了展示这种立场，这也表明它会影响治疗师与来访者互动的过程。与其将它们视为需要修复的问题，不如允许治疗互动中的模糊性，而没有必要去试图控制。治疗师的自我慈悲增加了这样一种可能性，即这种模糊性不被视为需要消除的问题，而是人类互动的一个自然部分。

所以，这里的重点是要爱你的自我怀疑。虽然它可能并不总是让人舒服，但它展现出一些重要内容，它会提醒你治疗是一个困难且复杂的过程，其间你总会出错。承认了这一点，你就有了在此过程中善待自己的自由。你可以问自己："此时此刻什么才是**真正**重要的？"

98

模型示范

心理灵活性模型对治疗师和来访者同等适用。为了帮助我们服务的来访者，必须以与该模型一致的方式进行 ACT 实践。因为这样做可以传递更清晰的信息，是促进学习的有效途径。正如本书之前所述（如第 80 个关键点），学习的一个基本行为原则是示范，它可以成为治疗师促成更多有益行为的最有效的活动之一。根据这一理念，我们倡导 ACT 治疗师在与来访者的互动中努力体现心理灵活性的特质。现概括如下：

保持觉察

接触当下：这包括培养对现场治疗内容保持关注并追踪自己反应这一技能。“当我在这里和这个人在一起的时候，我注意到了什么？”“我在想什么，感受是什么？”“这些对我的行为有什么影响？”与来访者分享这些是很有效的，这既可以是重要的信息来源，也可以作为对与自己的经验更加保持一致的效用的一种示范手段。

以己为景：示范与观察性自我的关系是特别重要的，因为它可能是模型中最难以口头描述的部分。养成以观察者角度说话的习惯是使其得以实现的一个简单方法。例如，这样说：“当我听你说话时，我注意到我感觉有些焦虑，我的想法在说，我刚才的问题可能把你逼得太紧了”，如此有助于示范“我”和“我的经验”之间的区别。

保持开放

接纳：明确表示愿意为不适留出空间是示范ACT的一个重要部分。同样，在治疗期间，当互动慢慢展开时，通过谨慎使用自我暴露可以达成此目的。例如，“我注意到自己有些焦虑，如果我问你关于上次治疗你暴露的物质滥用行为，你可能会有怎样的反应……我觉得为这种焦虑留出空间而不忽视你说过的话是很重要的”。

解离：ACT治疗师可以用多种方式来示范如何从自己的想法、规则和评判中抽离，例如，在所表达内容前面加上这些语句：“我现在有一个想法……”或“现在，我的头脑告诉我……”所采用具体技术的重要性可能逊于一般性原则（向来访者展示有时可能所为并非所思）。

保持行动

价值：时而问问自己为什么要做现在所做的工作是很有助益的。是何价值指引你从事你选择的职业？你想成为什么样的治疗师？工作的哪些方面给你带来了高峰体验？如果你与来访者谈论价值，可以以自己对工作的热情作为谈资。当如此做的时候，你可能会变得更加积极，而你的来访者也会直接体验到与价值相联结的样子和感受。

承诺行动：仅仅以一种与有助于来访者的价值方向相一致的方式行事，希望无需什么解释。如果你在阅读本书的过程中已经走到了这一步，即忠于改进工作和丰富你所要帮助的人的生活，你就已经表现出了承诺行动。你需要做的就是将此品质带入与来访者的互动中。

99

“在轨，脱轨”练习

阻碍是改变过程中一个正常且自然的部分，但有时平衡也会被打破以致到了无法前行的地步。当来访者遇到阻碍时，一种解决方案便是使用“在轨，脱轨”练习（改编自路斯·哈里斯）去主动管理它们。在治疗中阻碍的存在会使人感觉沉重和烦琐，而此练习有益的一点便是它可以为其注入一丝轻松感，而且还能加强来访者与治疗师的团队合作观念，于治疗过程中承认阻碍的存在，同时又不完全为其所扰。

基本上，这个练习需要治疗师和来访者在治疗中“捕捉到”阻碍并给它们贴上标签。进行练习前治疗师需首先征得来访者同意。

治疗师：在做这个练习并做出改变的过程中，我要请你走出舒适区，有可能当我们这样做的时候，你的脑海里会列举出很多留在舒适区的好理由。你觉得是这样吗？

来访者：那是肯定的。当我尝试做一些新的或可怕的事情时，总是会这样。

治疗师：好吧，有道理。这没什么不对的。只是如果我们总是让你的头脑说了算，改变起来就会很困难。不如我们首先开启正念觉察来注意这一点，并从自动导航模式中走出来。我有一个练习想尝试一下。你愿意试试吗？

来访者：当然可以。

治疗师：我想让我们记下工作时出现的所有可能会让我们偏离正轨的想法。

［然后治疗师拿出一张纸，双方一起头脑风暴出来访者脑海中可能会说的所有事情。例如，“这不管用”“你会失败”“这将会太难了”“我从来没能改变”，或者“为什么要费这心思呢？”。用第二人称（“你会失败”）而不是第一人称（“我会失败”）来写这些话通常是很有帮助的，因为这有助于解离和在心理上拉开距离。一旦确定了这些，治疗师就建议他们重新开始治疗，但要注意突然出现的想法。］

治疗师：好，让我们做一个简短的正念练习，但我们在做的时候，我要请你观察你的头脑，看看是否有这些想法冒出来［*指着纸*］。

来访者：我想说，甚至在你说我们应该做练习的时候，我也注意到了一个想法。

治疗师：哦，太好了，哪一个？

来访者：是和“为什么要费这心思呢？”一样的内容。我的头脑的确说了“做这个练习有什么意义？”。

治疗师：嗯，发现得好。让我在它旁边打一个“×”。还有其他的吗？

来访者：我想到我要失败了，就像以前那样。

治疗师：好。你的头脑说：“你要失败了。”［*治疗师示范用第二人称说话*］接下来，当我们继续进行时，我要请你在治疗中记录下你头脑抛出的任何试图使我们脱离正轨的想法。

在总结此练习时，把这些想法归纳为一个单一的功能类别并冠以有代表性的名称是很有帮助的。大多数情况下，该功能是为了保证来访者的安全并保护他们免受感知到的伤害，如失败或经历不适。一些名称，诸如“极重要的保护者”“忧虑者”“无望的家伙”等，可以帮助来访者识别这些功能。

因为来访者被反复邀请回到当下以完成手头的任务并直面出现的不适，所以这个练习还可以用来体验性地学习解离和正念接纳。由于治疗师帮助来访者基于重要性而不仅仅依据当下发生的事情做出选择，因此练习还包括很强的价值和承诺行动的部分。

100

保持与模型的契合

保持与 ACT 模型的契合就像骑自行车一样，需要不断地进行一系列左右修正，以确保路径方向正确。其契合不是静止的，而是流动与灵活的，并和 ACT 的“头、手、心”相一致。这包括紧跟最新理论与创新、练习与培养自身技能，并在个人 ACT 旅程中善待自己。当然，这其中无规则可言，自己的 ACT 实践为自己所选——我们建议你定期自我省察，以使 ACT 旅程真正属于你并完全由自己选择。

我们需要说明的是，始终保持与 ACT 模型的契合绝对不是一个人就能完成的工作。因为没有成为 ACT 治疗师的正式认证途径（ACT 和语境行为科学界特意做出决定，保持 ACT 培训途径资源共享），所以有时很容易让人感觉无所归属。因此，建立一个由志同道合的人组成的社团是至关重要的。这可以通过创建同质小组来实现，在那里人们可以一起讨论 ACT 相关工作。波特兰心理治疗诊所曾尝试过一种将个案咨询与现场督导实践相结合的同辈督导模式（Thompson et al.，2015）。在英国，我们两人都参与过此类同辈督导小组并发现它对满足我们的“头、手、心”需求有极大的帮助。

为了让你的 ACT 技能更上一层楼，从比你走得更远的治疗师那里寻求专业的 ACT 督导可能会很有帮助。我们两人从事心理治疗均超过 20 年并一直接受督导。只要我们还在执业，督导就会继续下去。我们无法想象没有督导的情况。在我们看来，良好的督导不仅是保持贴合 ACT 工作的“头、手、心”的必要条件，也是使整个过程变得更加愉快和有趣的关键。督导是为了培养你对理论的理解、技巧的制定和对干预的构思，其间也可以谈论治疗过程，以及你自己的困境、融合或回避。

用一种方法来检查自己的技能发展是很有帮助的，我们建议使用 ACT 胜任力测评，如埃里克·莫里斯（Eric Morris）开发的 ACT 契合度测量法（可以从 http://actforpsychosis.com 免费下载）。另外，使用督导表格（如附录中提供的表格）也有助于将 ACT 的重点和结构引入到你的督导中。

最后，保持契合的一个关键部分是融入更广泛的 ACT 社团。ACT 被定位于一个更大的组织中，即语境行为科学协会（the Association of Contextual Behavioral Science, ACBS；www.contextualscience.org）。ACBS 是一个国际组织，其负责将 ACT、RFT 和其他 CBS（语境行为科学）方法结合起来。该组织每年都会举办一次国际会议，许多地区分会也会举办类似的会议或培训活动。作为一个组织，ACBS 是一个 ACT 和 CBS 从业者们的社团，他们在不同的人群和环境中工作。此社团的文化导向是亲社会性和崇尚合作，其被许多新接触 ACT 的同仁评论为开放、共享的社团。我们强烈建议您在 ACT 的旅程中与 ACBS 建立联系。

附录

督导工作表

督导情境设置

关于你的来访者，你有什么具体问题？［只提供与问题相关的历史和治疗信息。在督导中，看看你能否将信息分享的时间限制在5分钟以内（2～3分钟更好）。随着讨论的进行，你可以随时提供更多的信息。］

案例概念化

来访者面临的关键卡点是什么？令其困住的主要过程有哪些？

- 来访者被哪些想法或自我故事所勾住？
- 他在逃避哪些情绪、感觉或记忆？
- 来访者的认知融合是如何支持其经验性回避的（例如：“我无法处理这个问题”“这让人难以承受”“这说明我或我与他人的关系有问题”）。
- 是什么使他脱离当下？

回避行为使来访者有哪些获益？这些是否导致了停滞不前？

来访者的趋近行为是什么样的？是什么价值方向支撑着他的趋近行为？谁或什么对其来说是重要的？

来访者的过去如何影响其当前的反应（人际关系／发展史、生活环境）？

关系问题

治疗关系是怎样的？（你在治疗中的感受如何？特别是什么引起了你这些感受？当你谈及来访者时会有什么感受出现？是否存在一些关系问题可能影响治疗进展？）

计划

在这些过程中有哪些技术和策略可以帮你解开困局？你们尝试过哪些？

你还需要什么额外的知识和技能来帮助你推进这个计划？

参考文献

American Psychiatric Association. (2013). *Diagnostic and statistical manual of mental disorders* (5th ed.). Arlington, VA: American Psychiatric Publishing.

Ardito, R.B., & Rabellino, D. (2011). Therapeutic alliance and outcome of psychotherapy: Historical excursus, measurements, and prospects for research. *Frontiers in Psychology*, 2, 270.

Barlow, D.H., Farchione, T.J., Fairholme, C.P., Ellard, K.K., Boisseau, C.L., Allen, L.B., & Ehrenreich May, J.T. (2011). *Unified protocol for transdiagnostic treatment of emotional disorders: Therapist guide*. New York: Oxford University Press.

Beck, A.T. (1976). *Cognitive therapy and the emotional disorders*. London: Penguin.

Beck, A.T., Rush, A.J., Shaw, B.F., & Emery, G. (1979). *Cognitive therapy of depression*. New York: Guilford Press.

Bentall, R. (2003). *Madness explained: Psychosis and human nature*. London: Penguin.

Bernhardt, K. (2018). *The anxiety cure: Live a life free from panic in just a few weeks*. London: Vermilion.

Blackledge, J.T., Moran, D.J., & Ellis, A. (2008). Bridging the divide: Linking basic science to applied therapeutic interventions – a relational frame theory account of cognitive disputation in rational emotive behaviour therapy. *Journal of Rational Emotive Cognitive Behaviour Therapy*, 27, 232–248.

Bond, F.W., Hayes, S.C., Baer, R.A., Carpenter, K.M., Guenole, N., Orcutt, H.K., … Zettle, R. D. (2011). Preliminary psychometric properties of the Acceptance and Action Questionnaire – II: A revised measure of psychological flexibility and experiential avoidance. *Behavior Therapy, 42*, 676–688.

Chödrön, P. (1997). *When things fall apart: Heart advice for difficult times*. Boulder, CO: Shambhala Publications.

Craske, M.G., Treanor, M., Conway, C., Zbozinek, T., & Vervliet, B. (2014). Maximizing exposure therapy: An inhibitory learning approach. *Behaviour Research and Therapy, 58*, 10–23.

Ellis, A. (1962). *Reason and emotion in psychotherapy*. New York: Citadel.

Flaxman, P.E., Bond, F.W., & Livheim, F. (2013). *The mindful and effective employee: An acceptance and commitment therapy training manual for improving well-being and performance*. Oakland, CA: New Harbinger.

Flaxman, P., Blackledge, J.T., & Bond, F.W. (2011). *Acceptance and commitment therapy: Distinctive features*. London: Routledge.

Foody, M., Barnes-Holmes, Y., & Barnes-Holmes, D. (2013). An empirical investigation of hierarchical versus distinction relations in a self-based ACT exercise. *International Journal of Psychology and Psychological Therapy, 13(3)*, 373–388.

Friedman, R.S., & Förster, J. (2001). The effects of promotion and prevention cues on creativity. *Journal of Personality and Social Psychology, 81*, 1001–1013.

Friedman, R., & Förster, J. (2002). The influence of approach and avoidance motor actions on creative cognition. *Journal of Experimental Social Psychology, 38*, 41–55.

Harari, Y.N. (2014). *Sapiens: A brief history of humankind*. London: Harvill Secker.

Hari, J. (2015). *Chasing the scream: The first and last days of the war on drugs*. London: Bloomsbury.

Harris, R. (2009). *ACT made simple*. Oakland, CA: New Harbinger.

Harvey, A., Watkins, E., Mansell, W., & Shafran, R. (2004). *Cognitive behavioural processes across psychological disorders: A transdiagnostic approach to research and treatment*. Oxford: Oxford University Press.

Hayes, S.C., Barnes-Holmes, D., & Roche, B. (2001). *Relational frame theory: A post-Skinnerian account of human language and cognition.* New York: Plenum/Kluwer.

Hayes, S.C., & Hoffman, S.G. (2017). *Process-based CBT: The science and core clinical competencies of cognitive behavioral therapy*. Oakland, CA: New Harbinger.

Hayes, S.C., Strosahl, K.D., & Wilson, K.G. (1999). *Acceptance and commitment therapy: An experiential approach to behavior change.* New York: Guilford Press.

Hayes, S.C., Strosahl, K.D., & Wilson, K.G. (2012). *Acceptance and commitment therapy: The process and practice of mindful change* (2nd ed.). New York: Guilford Press.

Holman, G., Kanter, J., Tsai, M., & Kohlenberg, R.J. (2017). *Functional analytic psychotherapy made simple.* Oakland, CA: New Harbinger.

Kohlenberg, R.J., & Tsai, M. (1991). *Functional analytic psychotherapy: A guide for creating intense and curative therapeutic relationships*. New York: Plenum.

Kupfer, D.J., First, M.B. & Regier, D.A. (Eds.). (2002). *A research agenda for DSM-V.* Arlington, VA: American Psychiatric Publishing.

Linehan, M. (1993). *Cognitive-behavioural treatment of borderline personality disorder.* New York: Guilford Press.

Marshall, S.L., Parker P.D., Ciarrochi, J., Sahdra, B., Jackson, C., & Heaven, P. (2015). Self-compassion protects against the negative effects of low self-esteem: A longitudinal study in a large adolescent sample. *Journal of Personality and Individual Differences, 74,* 116–121.

McHugh, L., Barnes-Holmes, Y., & Barnes-Holmes, D. (2004). Perspective-taking as relational responding: A developmental profile. *Psychological Record, 54,* 115–144.

McHugh, L., & Stewart, I. (2012). *The self and perspective taking: Contributions and applications from modern behavioral science.* Oakland, CA: New Harbinger.

Michael Jr. (2017, January 8). *Know your why.* Retrieved from www.youtube.com/watch?v=1ytFB8TrkTo&t=4s

Montoya-Rodríguez, M.M., Molina, F.J., & McHugh, L. (2017). A review of relational frame theory research into deictic relational responding. *The Psychological Record, 67(4)*, 569–579.

Morris, E. (2017). *So long to SUDs – Exposure is not about fear reduction... it's about new learning and flexibility*. http://drericmorris.com/2017/01/13/nosuds/

National Health Service. (2016). *Five steps to mental wellbeing*. www.nhs.uk/conditions/stress-anxiety-depression/improve-mental-wellbeing/

Nietzsche, F. (1998). *Twilight of the idols*. New York: Oxford University Press.

Nissen-Lie, H.A., Havik, O.E., HØglend, P.A., Monsen, J.T., & RØnnestad, M.H. (2013). The contribution of the quality of therapists' personal lives to the development of the working alliance. *Journal of Counseling Psychology, 60*, 483–495.

Nissen-Lie, H.A., Monsen, J.T., & Ronnestad, M.H. (2010). Therapist predictors of early patient-rated working alliance: A multilevel approach. *Psychotherapy Research, 20*, 627–646.

Nissen-Lie, H.A., RØnnestad, M.H., HØglend, P.A., Havik, O.E., Solbakken, O.A., Stiles, T.C., & Monsen, J.T. (2017). Love yourself as a person, doubt yourself as a therapist? *Clinical Psychology and Psychotherapy, 24*, 48–60.

O'Donoghue, E.K., Morris, E.M., Oliver, J.E., & Johns, L.C. (2018). *ACT for psychosis recovery: A practical manual for group-based interventions using acceptance and commitment therapy*. Oakland, CA: New Harbinger.

Polk, K.L., Schoendorff, B., Webster, M., & Olaz, F.O. (2016). *The essential guide to the ACT matrix: A step-by-step approach to using the ACT matrix model in clinical practice*. Oakland, CA: New Harbinger.

Ramnerö, J., & Törneke, N. (2008). *The ABCs of human behavior: An introduction to behavioural psychology*. Oakland, CA: New Harbinger.

Ruiz, F. J. (2010). A review of Acceptance and Commitment Therapy (ACT) empirical evidence: Correlational, experimental psychopathology, component and outcome studies.

International Journal of Psychology and Psychological Therapy, 10, 125–162.

Sapolsky, R. (2004). *Why zebras don't get ulcers* (3rd ed.). New York: Holt.

Segal, Z.V., Williams, J.M.G., & Teasdale, J.D. (2013). *Mindfulness-based cognitive therapy for depression* (2nd ed.). New York: Guilford Press.

Skinner, B. F. (1953). *The possibility of a science of human behavior.* New York: The Free House.

Strosahl, K., Robinson, P., & Gustavsson, T. (2012). *Brief interventions for radical change: Principles and practice of focused acceptance and commitment therapy.* Oakland, CA: New Harbinger.

Thompson, B.L., Luoma, J.B., Terry, C.M., LeJeune, J.T., Guinther, P.M., & Robb, H. (2015). Creating a peer-led acceptance and commitment therapy consultation group: The Portland model. *Journal of Contextual Behavioral Science, 4,* 144–150.

Törneke, N. (2010). *Learning RFT: An introduction to relational frame theory and its clinical application.* Oakland, CA: New Harbinger.

Törneke, N. (2017). *Metaphor in practice: A professional's guide to using the science of language in psychotherapy.* Oakland, CA: New Harbinger.

Villatte, M., Villatte, J.L., & Hayes, S.C. (2016). *Mastering the clinical conversation: Language as intervention.* New York: Guilford Press.

Watson, J.B. (1929). *Psychology from the standpoint of the behaviourist* (3rd ed.). Philadelphia, PA: Lippincott.

Williams, M., & Penman, D. (2011). *Mindfulness: A practical guide to finding peace in a frantic world.* London: Piatkus.

Wilson, K. (2013). *Evolution matters: A practical guide for the working clinician.* Keynote address at the First Acceptance and Commitment Therapy and Contextual Behavioural Science Conference. London, UK.

Wilson, K. (2016). Contextual behavioral science: Holding terms lightly. In Zettle, R.D., Hayes, S.C., Barnes-Holmes, D., & Biglan, A. (Eds.). *The Wiley handbook of contextual behavioral science* (pp. 62–80). Chichester: Wiley-Blackwell.

Wilson, K. G., & DuFrene, T. (2009). *Mindfulness for two: An acceptance and commitment therapy approach to mindfulness in psychotherapy*. Oakland, CA: New Harbinger.

Zettle, R.D., Hayes, S.C, Barnes-Holmes, D., & Biglan, A. (Eds.). (2016). *The Wiley handbook of contextual behavioral science*. Chichester: Wiley-Blackwell.

专业名词英中文对照表

A

Acceptance and Commitment Therapy（ACT） 接纳承诺疗法
appetitive control 欲望控制
aversive control 厌恶控制
acceptance 接纳
anchor 锚定
awareness 觉察

B

behaviourism 行为主义

C

case conceptualization 案例概念化
clean pain 纯净的痛苦
Cognitive Behavioural Therapy（CBT） 认知行为疗法
cognitive fusion 认知融合
coherence 一致性
combinatorial entailment 联合推衍
committed action 承诺行动
contact with the present moment 接触当下
context 语境
co-ordination relation 协调关系
creative hopelessness 创造性无望

D

defusion 解离
deictic relation 直证关系
deriving relation 衍生关系
dirty pain 污染的痛苦
discrimination 辨别
distinction relation 辨别关系

E

experiential avoidance 经验性回避
experiential learning 体验式学习
exposure 暴露

F

function 功能
Functional Analytic Psychotherapy（FAP） 功能分析疗法
functional contextualism 功能性语境主义

H

hierarchical relation 层级关系

I

inhibitory learning 抑制性学习

initiate 启动

M

metaphor 隐喻

mindfulness 正念

model 示范

mutual entailment 相互推衍

N

negative punishmen 负惩罚

negative reinforcement 负强化

O

observe 观察

P

perspective taking 观点采择

physicalising exercises 外化练习

positive punishment 正惩罚

positive reinforcement 正强化

pragmatic truth 实用主义真理

process 过程

protocol 流程

R

reinforce 强化

relation 关系

relational frame theory（RFT） 关系框架理论

respondent conditioning（classical conditioning） 应答性条件反射（经典条件反射）

S

self-compassion 自我慈悲

self-as-content 概念化自我

self-as-context 以己为景（观察性自我）

self-disclosure 自我暴露
stimulus 刺激

T

the ACT matrix ACT 矩阵
the Chinese Finger Traps 中国指套
the Hexaflex model 灵活六边形模型
the psychological flexibility 心理灵活性
temporal relation 时间关系
tracking 追踪
transformation of stimulus functions 刺激功能转换

V

value 价值

W

workability 有效性

POSTSCRIPT 译后记

今晨上班途中收到祝老师微信："还需要写一篇译者后记。"本来在翻看"心理咨询与治疗100个关键点译丛"系列其他书籍时曾暗自庆幸前边不用写译者序，万没想到忘了看后边，还有个后记！平时习惯对事物简而化之的我回复祝老师："我努力写吧，就是不大喜欢写作文。"深知我老毛病的祝老师看出了我的畏难情绪，说："不当作文，就是自由表达。跳出舒适区才能发展啊！似乎同样的话题在重复。翻译不易吧，不也完成了吗？！"祝老师一番话突然令我豁然开朗，对嘛！不把它当作文，换个思路和语境，这不正是接纳承诺疗法的立场吗？"问题不是问题，人和问题的关系才是问题。"

想到跳出舒适区，这让我不禁想起2018年8月跟随祝老师做的一次ACT个人体验。我是2014年进入祝老师的课题组准备硕士论文，开始信心满满，自以为拿下学位没有问题。然而，在所有问卷调查、统计数据及相关论文资料收集一一完成只待整合之时却止步于论文写作阶段。当时，每日焦虑的状态持续了一段时间，又交了一年的延期费用仍旧迟迟未动，直至后来干脆把论文抛之脑后，最终与学位失之交臂。之前的生活、学业和工作一路平顺，"得到"两个字对我来说轻而易举，这次对我是最大的一次挫折和冲击，以至于后来参加ACT训练营时自觉羞于见到祝老师。在个人体验中，祝老师帮助我觉察到自己的行为模式是"怕麻烦"和拖延回避，对烦琐的事物存在排斥心理，喜欢速战速决，对于要求字数几万、耗时费力的论文我只字未写便可以理解了。习惯待在自己熟悉的舒适区而不愿花时间专注去做一件困难的事情便是我需要克服的行为模式。

2018年12月祝老师在微信群里邀请大家参与翻译《接纳承诺疗法（ACT）：100个关键点与技巧》时，我便主动请缨并要求单独翻译，祝老师在微信里说："那可要走出舒适区了啊！"我知道这是一次挑战，但我还是承诺单独完成，一是想要打破原有模式，走出舒适区，锻炼自己的耐性；二是学习ACT以后，觉得总要为自己留下一些有价值可回望的东西。2019年4月等到此书正式出版，2020年6月拿到英文稿，计算一天翻译一个技术点，3个月即可完成，我向祝老师保证"年底没有问题！"。可是"江山易改，本性难移"，拖延的毛病再次冒出来，直到祝老师9月底问起进度才发现时间已经不够一天一个技术点了。记得当翻译到4/5时，连续数日子夜零点后方能休息，大脑有时疲累的常常令我读过一行竟不知所云。曾向ACT训练营密友焦江滨同学抱怨："我看到满屏的字母就想吐！"就这样，"不易跳出舒适区"的我反而"愈加不舒适"，不过，因为学习了ACT，这时候对于不舒适不再采用回避的策略，开始在不舒适的泥潭中体验不舒适，带着这份不舒适，朝着承诺的期限努力。

又经月余，终于完稿。回顾数月经历，舒适也罢，难耐也罢，任务就在那里，想想自己申请译书的初心和承诺，这是我坚持翻译的动力之源。其过程担忧有之，烦躁有之，焦虑有之，但总在一路向前。待全书翻译完毕，自觉长舒一口气，之前各种困扰苦恼此时已烟消云淡。这次终于打破原有模式，跳出舒适区，对自己来讲，翻译的过程既是学习ACT的过程，也是体验实践ACT的过程，我终于能体会到祝老师答应我单独翻译此书的深远用心。

看着译好的书稿，终于兑现了承诺，犹如经历寒冬之后沐浴春风的感觉。本书作者巧妙地将100个ACT技术要点非常形象地分为"头""手""心"，从理论、技术和过程三部分条理清晰、系统完整地介绍了ACT所有关键理论和主要临床应用技术，可作为学习ACT的入门书籍，亦可作为心理咨询师、治疗师、精神科医师等专业人员的案头工具书。希望此书能对大家的工作和生活有所助益。由于是初次尝试翻译心理专业书籍，难免有疏漏之处，还祈望各位读者朋友不吝赐教。

就此特别感谢祝老师对我的用心安排、接纳和鼓励，才让我有一次体验深刻的ACT学习与成长，正是有他严谨的审校把关才让此书翻译更加完善。同时要谢谢我的父母在生活中给予我的无私的支持和照顾，还要感谢爱人刘英军先生在英文翻译及译稿格式修改过程中的大力协助，特别感恩雨心老师在翻译准备阶段的教导和老友焦江滨对译稿专业性的建议、评论，同样感谢李敏、丁敏、任翠梅、马桂云、王丽虹、李丽等28班同学助我对某些英文字句的斟酌。即将收笔，感觉心中爱意满满，走过不平凡的2020年收获良多，祝愿牛年吉祥，疫情不再，祝愿生命中的伙伴们身心康健，都能过上充实、丰富而有意义的人生！

王玉清

辛丑年正月十八于武清笑笑堂